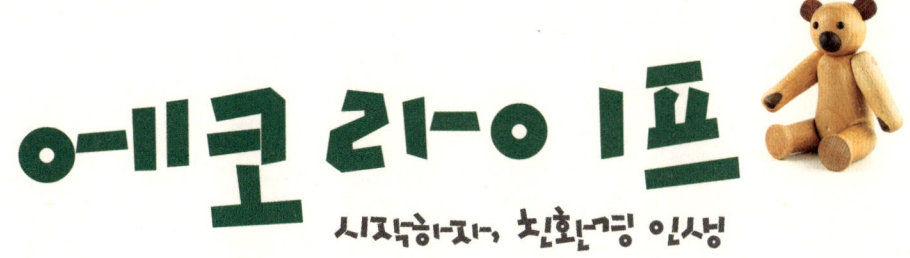

# 에코 라이프

## 시작하자, 친환경 인생

청강문화산업대학 에코라이프스쿨 엮음

ITC

# 머리말

ECOLIFE

Make miracle!

기적이 필요한 때가 되었다. 세상은 늘 종말을 걱정했지만, 오늘처럼 생존에 대한 불안이 일상을 위협하지는 않았다. 그러나 2011년 우리는 구제역, AI 같은 질병의 유행과 화산, 지진, 홍수, 한파, 가뭄 같은 기상이변 속에서 생존 여부를 걱정하게 되었다.

바구니를 들고 시장에 나가면, 여기가 한국인지 아니면 외국인지 모르겠다. 돼지고기는 유럽에서 오고, 감자는 미국에서, 고등어는 노르웨이에서 온다. 이런 식으로 가다 보면, 내가 먹는 음식이 도대체 누가, 어디에서, 어떻게 만들었는지를 모르는 시대가 될 것이다. 하긴 지금도 그렇기는 하다.

서울살이를 정리하고 제천으로 내려가서 사는 선배가 식사 자리에서 이 밥상에 놓인 음식은 대부분 누가 키운 재료인지 알고 있다고 말했다. 채소 하나를 먹더라도 누가, 어디에서, 어떻게 키운 채소인지를 알고 먹는 것과 모르고 먹는 건 분명 다르다. 음식 하나를 통해 타인과 교류하고, 인간과 자연이 함께 만든 에너지를 섭취한다. 건강한 삶의 근본이다.

음식에 대한 불안, 환경에 대한 불안은 영혼을 잠식한다. 자연에서 흙을 만지며 자란 우리 조상들이 한 번도 걸리지 않았던 신종 병들의 상당수는 우리가 너무 깨끗하기 때문에 걸리는 것이라는 주장도 있다. 불안하기 때문에 우리는 항생제를 먹고, 살균제를 사용한다. 그리고 나도 불안하다. 이런 불안은 결국 이상한 행동을 만든다. 몸의 문제가 마음의 문제가 된다.

그렇다. 오늘 우리에게 필요한 것은 기적이다. 그렇다고 해서, 하늘에서 만나가 내리거나 사막에서 샘이 솟는 기적을 바랄 수는 없다. 기적을 바라는 것이 아니라 만들어보면 어떨까?

2010년 청강문화산업대학은 평범한 대학의 길에서 벗어나 보기로 결심했다. '전문대학'이 아니라 '전문화된 대학'이 되는 길을 선택한 것이다. 그를 위해 대학이 보유한 경쟁력을 철저하게 조사해 대학을 5개 스쿨로 재편했다. 5개의 스쿨은 콘텐츠 스쿨, 패션 스쿨, 뮤지컬 스쿨, 모바일 스쿨 그리고 에코라이프 스쿨이다. 이중 콘텐츠, 패션, 뮤지컬, 모바일은 쉽게 예측할 수 있는 변화다. 이름만 들어도 무얼 가르치는 학교인줄 알 수 있다. 그런데 에코라이프 스쿨은?

에코라이프? 친숙하지만 낯설다. 에코는 에콜로지(ecology)에서 온 단어다. 에콜로지는 '생태학'이라는 단어인데, 에코를 다른 명사에 붙여 사용하면 친환경적, 생태적이라는 뜻을 만들어낸다. 그럼 에코라이프는 친환경적인 삶? 생태적인 삶?

이쯤 되면 뭔가 좀 세 보인다. 친환경적인 삶이나 생태적인 삶이라고 하면, 먹는 것도, 입는 것도, 생활도 다 다르게 해야 할 것 같다. 당장 자동차를 버리고, 커피 같은 것도 먹지 말고, 옷도 감물 들인 옷으로 바꿔야 할 것처럼 느껴진다. 이런 두려움 때문에 우리는 '에코라이프'와 마주하기를 싫어한다. 에이, 그건 나 같은 사람이 할 수 있는 건 아니야. 나중에 나이 먹으면 어디 산에 들어가서 살아야지.

기적을 만드는 주체는 바로 나다. 이 책 <에코라이프>는 기적을 만드는 법을 정리했다. 에코라이프가 어디 산속에 들어가 두문불출하며, 등불 키고, 차 마시며 사는 삶이 아니라는 걸 이야기한다. 에코라이프는 오히려 쿨하고 행복한 삶이다.

모두 여덟 분의 전문가가 이 책의 집필에 참여했다. 대부분 자신의 삶에서 에코라이프를 실천하고 계신 분이다. 급한 청탁에도 흔쾌히 좋은 원고를 보내주신 필자 분들께 감사의 말씀을 전한다. 앞으로 청강문화산업대학 에코라이프 스쿨은 기적을 만들어내는 여러 방법들을 구체적으로 실천할 것이고, 이 실천의 결과들은 책으로 꾸준히 묶어낼 것이다. 많은 관심과 성원을 부탁 드린다.

2011년 봄
청강문화산업대학 에코라이프스쿨 원장 **박인하**

## 차례

ECOLIFE

# intro. 만화로 보는 에코라이프

ECOLIFE

**글 박인하**
청강문화산업대학 에코라이프스쿨 교수.
여행 및 문화관련 도서로 〈만화공화국 일본여행기〉(랜덤하우스코리아),
〈최호철, 박인하의 펜 끝 기행〉(디자인하우스) 등의 책을 냈으며,
〈캡틴맥스의 시간여행 세계사〉, 〈강이설이의 세계여행〉, 〈마법도서부〉 등의 스토리를 썼다.

comixpark@gmail.com

**그림 김가혜**
만화가, 일러스트레이터.
청강문화산업대학을 졸업하고 ㈜OCON 기획개발팀 디자이너로 일했으며,
현재 프리랜서로 작업 중이다.

Kenshin0409@hotmail.com

# 1. 오늘을 살리고 내일을 바꾸는 에코라이프

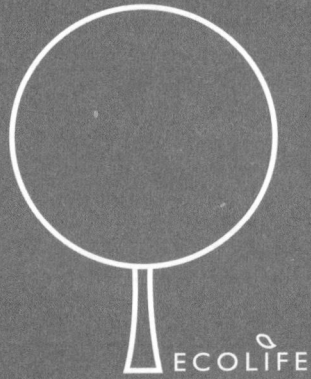

**김연희**
희망제작소 선임연구원, CSR 컨설팅 팀장

〈잘 생긴 녹색물건–지구를 부탁해〉로
제1회 대한민국 출판문화상 실용부문 우수저작상 수상

fun@makehope.org
http://ecoblog.tistory.com

# 에코라이프의 개념

수십 년 동안 편리하게 사용하던 비닐봉지 없이 살 수 있을까? 2010년 10월부터 대형 유통업체들은 1회용 비닐봉지를 팔지 않기로 결정했다. 한 해 동안 이들 매장에서 소비되는 비닐봉지는 무려 1억 5,000만장(75억 원어치)에 이르고, 우리나라에서 1년 동안 사용되는 전체 비닐봉지의 수는 모두 160억장에 이른다. 자연 상태에서 분해되기까지 수십 년이 걸리는 비닐봉지는 환경오염의 주범으로 지적되어 왔다. 몇 년 전부터 1회용 비닐봉지 대신 반영구적으로 사용할 수 있는 '장바구니 들기 캠페인'이 함께 전개되었고, 그 결과 대형 유통업체에서 비닐봉지가 퇴출되기에 이르렀다. 비닐봉지가 주는 편리함은 이루 말할 수 없지만, 수십 년 동안 썩지 않고 지구에 미치는 환경적 영향을 고려하여 불편함에도 불구하고 장바구니를 들고 다니는 일, 바로 에코라이프(eco life)의 대표적인 사례라고 할 수 있다.

결론부터 이야기하면 에코라이프는 환경에 미치는 영향을 최소화하려는 친환경적인 삶의 양식을 말한다. 그러나 지구상의 유한한 자원을 소비하며 살아가는 이상, 환경파괴가 불가피하다. 그렇다고 〈월든〉[1]의 헨리 D. 소로우처럼 우리 모두가 도시를 떠나 산 속에 들어가 극단적인 생태주의자처럼 살아갈 수도 없다. 그래서 현재 자신의 삶에서 자신의 행동으로 인한 환경적 피해를 줄이려는 노력이 필요하다.

# 사회문화적인 배경

지난 40~50년 동안 외형적으로 눈부신 경제발전과 함께 우리는 물질적으로 풍요로운 삶을 살아왔다. 그런데 우리의 삶은 정말로 풍요로워졌을까? 겉으로는 그렇게 보이지만, 실상 그렇지가 않다. 산업이 발달함에 따라 자원고갈, 환경오염이 심각해지면서 하나뿐인 지구는 병들고 있고, 이로 인한 지구온난화와 기후변화가 부메랑이 되어 다시 우리에게 돌아오고 있기 때문이다.

한때는 무한한 것으로 인식되었던 물과 공기조차 급격히 부족해지고 있다. 우리는 쉽게 플라스틱병에 든 생수를 사먹고, 집집마다 정수기가 생활필수품으로 자리 잡고 있다. 물 부족이 저 멀고 가난한 아프리카의 일로만 생각하면 큰 오산이다. 2007년 가을, 세계 초강대국이라고 하는 미국 조지아 주에서는 극심한 물 부족으로 기우제를 지내기까지 했고, 2009년 우리나라 태백에서도 물 부족 사태로 시민들이 큰 고통을 겪었다. 화석연료는 말할 것도 없다. 지금까지 우리의 경제는 석탄, 석유 등 재생이 불가능한 화석연료에 기초를 두고 있는데, 수십 년 내 화석연료의 고갈은 이미 예고되었다.

화석연료를 연소할 때 발생하는 탄소 때문에 발생하는 지구온난화와 기후변화 문제는 날로 심각해져가고 있다. 우리는 이를 지구온난화라고 부르지만, 그렇게 온화하게 부를 처지가 아니다. 기온이 점점 더 높아지면서 많은 동식물들이 멸종위기에 놓여있으며, 곡물이 잘 성장하지 못해 식량문제가 발생하고 있다. 고지대의 얼음과 빙하가 녹고 건조한 날이 계속되면서 산불이 나기도 쉬워지는 것도 바로 그 생생한 증거들이다.

신문이나 TV 등 미디어에서 하루가 멀다 하고 접할 수 있는 문제들, 지구온난화와 기후변화에서 부터 새집증후군과 아토피, 조류독감, 구제역과 광우병에 이르기까지 모두 환경의 재앙이라고 볼 수 있다. 이와 같이 생태계 파괴와 기후변화의 이상 징후뿐만 아니라 우리의 생존을 위협하는 생활에서의 공포가 엄습하면서 뒤늦게나마 사람들은 변화가 필요한 시점이라고 느끼고 있다. 이러한 위기에 맞물려 친환경적 생활과 소비를 지향하는 에코라이프가 점점 주목받고 있다.

1970년 '지구의 날'이 시작된 이후, 40년이 지난 지금에서야 '에코'라는 키워드로 대표되는 친환경의 가치는 우리 삶 전반을 관통하는 키워드이자 트렌드로 자리잡아가고 있으며, 그것이 사회에 미치는 사회문화적 영향력뿐만 아니라 정치경제적 움직임도 중요해지고 있다.

---

### ● 지구의 날(Earth Day) ●

1970년 4월 22일 미국의 상원의원 게이로 넬슨(Gaylord Anton Nelson)이 하버드 대학생 데니스 헤이즈(Denis Hayes)와 함께 1969년 1월 28일 캘리포니아 산타 바바라에서 있었던 기름유출 사고를 계기로 '지구의 날' 선언문을 낭독하면서 환경파괴의 위험성을 인식하고 지구를 살리자는 목소리를 낸 것이 '지구의 날'의 시작이다. 그 뒤로 대기오염방지법(Clean Air Act), 수질환경법(Clean Water Act), 멸종위기생물보호법(Endangered Species Act) 등 환경법들이 제정되었다. 지구의 날이 시작된 뒤 20년 후인 1990년 미국의 환경단체들이 우리나라를 포함한 세계 150여 개국에 지구의 날 공동 캠페인을 제안했고, 그로부터 다시 20여 년이 흐른 지금 매년 4월 22일이면 192개국의 22,000여 회원단체들이 전 세계적으로 다양한 행사를 펼치고 있다.

지구의 날 홈페이지 http://www.earthday.org

---

## 에코라이프 관련 유사개념들

에코라이프에 대해 사회적으로 합의된 정의는 없다. 본격적인 21세기의 막이 오른 후 사람들의 관심이 좀 더 건강하고 풍요로운 삶에 맞춰지면서, 웰빙(Wellbeing), 로하스(Lohas) 등의 개념이 생겨났고, 최근에는 에코(eco), 그린(green), 지속가능한(sustainable) 등의 용어들이 혼용되어 사용되고 있다. 특히 기업의 마케팅에 무분별하게 사용되고 있지만, 이들 용어 사이에는 크고 작은 차이점이 있다. 특히 '웰빙'이 자신, 혹은 가족의 건강과 안녕만을 고려하는 이기적인 행복 추구를 나타내는 반면, 나머지는 용어들은 대체로 환경을 고려하는 이타적 개념에서 출발하고 있어서 구분하여 이해할 필요가 있다.

### 1) 웰빙

2000년대 초반부터 '잘 먹고, 잘 사는 법'으로 시작된 '웰빙' 열풍은 한동안 우리 삶을 표현하는 중요한 키워드였고, 여전히 많이 사용되고 있다. 초기에는 유기농 식품이 대표적 웰빙 상품이었지만, 웰빙 음료, 웰빙 화장품, 웰빙 의류, 웰빙 가전, 웰빙 아파트에 이르기까지 의식주와 관련된 거의 모든 상품에 웰빙이 따라다녔다. '웰빙'이라는 말이 워낙 유행하다보니 웰빙을 빙자한 상업주의가 기승을 부렸고, 고가의 좋은 제품을 소비하는 것이 마치 웰빙인 것처럼 잘못 알려지면서 우리의 삶을 혼란스럽게 한 면이 있다.

우리 사회에서 '웰빙'의 가치는 나, 혹은 우리 가족의 건강이라는 개인적이고 이기적 차원에 머물러 있기 때문에, 과연 웰빙이 궁극적으로 건강한 삶을 안겨줄 수 있을 것인가에 심각한 의문이 제기되고 있다. 이를 테면 자기 몸의 건강을 위해서는 자연이 훼손되건 말건 전혀 신경을 쓰지 않는 식으로 고로쇠 수액이 몸에 좋다고 방송되자 전국의 고로쇠나무가 과도한 수액 체취로 말라죽어가고, '걷기'가 건강에 좋다고 알려지자 북한산 둘레길에 너무 많은 사람들이 몰려 산이 몸살을 앓는 등 부작용이 나타나기 시작했다.

## 2) 로하스

'웰빙'의 부작용으로 새롭게 떠오른 트렌드가 '로하스'다. 로하스는 '건강하고 지속가능한 생활방식(lifestyle of health and sustainability)'에서 비롯된 단어로 자기 자신과 가족의 건강한 삶뿐만 아니라 사회와 환경 정의에 부합하는 생활방식을 말한다. 따라서 로하스족은 일상생활에서 사용하는 제품과 서비스 하나하나에 포함되어 있는 다양한 사회적 관계를 고려하여 소비한다. 예를 들어 우리가 매일 마시는 커피가, 어디에서 누가, 어떤 과정을 통하여 만들었는지, 생산자에게 정당한 비용을 지불했는지, 나에게 오기까지 유통과정은 어떠했는지에 대해 생각하는 식이다.

---

### ● 로하스 소비자의 특징 ●

- 친환경적인 제품을 선택한다.
- 환경보호에 적극적이다.
- 재생원료를 사용한 제품을 구매한다.
- 지속가능성을 고려해 만든 제품에 20%의 추가비용을 지불할 용의가 있다.
- 주변에 친환경 제품의 기대효과를 적극 홍보한다.
- 지구환경에 미칠 영향을 고려해 구매를 결정한다.
- 재생가능한 원료를 이용한다.
- 타성적 소비를 지양하고 지속가능한 재료를 이용한 제품을 선호한다.
- 전체 사회를 생각하는 의식 있는 삶을 영위한다.
- 지속가능한 기법으로 생산된 제품을 선호한다.
- 지속가능한 농법으로 생산된 제품을 선호한다.
- 로하스 소비자의 가치를 공유하는 기업의 제품을 선호한다.

출처: 미국 〈로하스저널〉 발행사 「Natural Business Communication」

또한 '유기농' 식품을 사먹더라도 당장 내 입에 들어갈 안전함을 따지는 '웰빙' 의 시각과 유기농업이 기존의 화학약품 남용으로 무너진 생태계의 질서를 회복하고, 사람만이 아니라 모든 생명과 환경이 조화로운 방편으로 바라보는 '로하스' 적 시각에는 큰 차이가 있다. 이와 같이 로하스는 삶의 질 향상을 추구하는 데 있어 근시안적인 접근방식에서 벗어나, 보다 근본적이고 총체적이며 조화로운 방식을 추구한다.

한동안 '로하스' 는 소비와 경제, 삶의 가치관에 있어 새로운 문화를 창조하며 확산되었다. 그러나 로하스가 시작된 미국이나 이웃나라 일본과 달리 우리나라에서는 '웰빙' 의 단점과 부작용을 보완하는 개념으로서 '로하스' 라는 개념이 부각되었다가, 최근에 '에코', '그린' 등의 친환경을 의미하는 개념으로 대체되고 있는 추세다.

## 3) 에코, 그린, 지속가능한 라이프스타일

에코(eco)는 '생태학' 을 의미하는 에콜로지(ecology)의 앞 글자를 따온 단어로 자연, 생태를 의미한다. 에코(eco)의 어원은 고대 그리스어의 집을 뜻하는 'oikos', 또는 라틴에서 가구(household)를 뜻하는 'oeco' 에서 나왔다. 현재 에코는 친환경, 친생태(eco-friendly)를 의미하는 말로 에코라이프, 에코투어리즘, 에코하우스, 에코패션, 에코웨딩, 에코드라이브 등과 같이 기존의 단어에 접두사로 결합하여 에코라이프와 관련한 새로운 경향들을 표현하는 데 사용된다.

에코는 웰빙, 로하스와 공통점이 있지만, 개인의 안녕에 초점을 맞춘 웰빙이나 공동체를 위한 소비의 변화를 이야기하는 로하스에서 조금 더 발전된 개념으로 보는 것이 일반적이다. 나와 이웃, 나아가 미래세대, 그리고 지구와 환경을 위해서 우리 생활의 의식주를 비롯한 모든 부분을 변화시키자는 새로운 시도로 볼 수 있다. 즉 에코라이프는 자기 자신은 물론 지구의 환경과 생태를 생각하면서 인간과 사회, 그리고 환경이 조화롭게 공존하는 삶을 모색하는 라이프스타일이다.

일본에서 로하스의 개념을 선도하기 위해 설립된 비영리재단 로하스 클럽과 로하스 조사컨설팅 업체인 (주)이스퀘어의 대표 피터 D. 피터슨에 의하면 로하스와 에코는 기본적인 시각에 있어 차이점이 있다. 이 두 가지 개념은 지속가능한 경제 및 사회의 실현이라는 궁극적인 목표는 동일하나 다음의 표와 같이 접근방식 및 실행방법에 있어 차이점이 있다.

| 로하스 | 에코 |
| --- | --- |
| 지구환경과 개인생활을 동등하게 중시 | 지구차원의 환경보전이 최대의 과제 |
| 자신의 건강배려에서 출발하여 지구환경을 고려하는 방식으로 발전 | 지구환경을 위해 개인생활을 일부 억제하려는 방식 |
| 로하스층에 대한 마케팅 차원에서 탄생 | 과학기술과 정책으로 환경문제를 극복하고자 함 |
| 소비행동을 통한 사회의 변화 추구 | 다소 의무적, 교훈적인 실천주의 |
| 개별 상황에 맞는 폭넓은 선택 인정 | 대량생산 및 대량소비의 탈피 |
| 사람 및 사물과의 관계성 중시 | 소비억제, 자연회귀가 미덕 |

자료 : NPO LOHAS CLUB 〈LOHAS 아카데미〉 vol 1. p.27에서 인용

에코는 역시 친환경을 의미하는 그린(green)으로 대체되어도 무난하다. 외국에서는 에코는 '지속 가능한(sustainable)', '윤리적인(ethical)'이라는 단어와도 교환되어 사용되지만, 우리나라에서 전자(sustainable)는 라이프스타일을 지칭하는 말로 사용되기보다 지속가능한 발전이라는 거시적인 개념으로 자주 사용된다.

---

● **지속가능성(sustainability)** ●

미래 세대의 필요를 훼손하지 않는 범위 내에서 현 세대의 필요를 충족시킨다는 기념으로, 1987년 '환경과 개발에 관한 세계위원회(WCED)'가 UNEP에 제출한 「Our Common Future」라는 리포트에 지속가능한 발전(Sustainable Development)이 제창된 이래, 환경문제의 중요한 키워드가 되었다.

---

## 4) 에코라이프 생활지침

앞서 에코라이프에 대한 개념과 배경 등을 설명하고 있지만, 에코라이프는 추상적인 개념보다 실천적 지침을 통해서 더 쉽게 잘 설명될 수 있다. 에코라이프는 환경보전을 위한 것이기는 하지만, 정부의 정책에 항의하며 피켓을 들고 거리를 행진하는 일과는 거리가 멀다. 에코라이프는 말 그대로 일상의 삶 속에서 변화와 실천으로 말할 수 있어야 한다.

보통 환경운동을 이야기할 때 거시적인 정책이나 거창한 담론을 떠올리기 쉽지만, 사실 훨씬 더 중요한 것은 일상생활에서의 작은 실천이다. 개인의 작은 행동은 결코 사소하지 않다. 오늘날 개인의 삶도 인터넷 등을 통해 실시간으로 공유되면서 전 세계적으로 커다란 영향을 미치기 때문에 개인의 작은 행동조차도 커다란 파급효과를 가질 수 있다. 이렇게 개인이 자기의 자리에서 할 수 있는 일부터 행동할 때, 인류가 직면한 위기를 완화시킬 수 있고, 이를 극복할 수 있는 기회와 희망이 생긴다. 그래서 일상생활에서의 실천하는 삶, 즉 에코라이프가 위대하고 중요하다. 시작은 어떤 것이든 상관없다. 자신이 가장 쉽고 재밌게 할 수 있는 것에서 시작하는 것이 좋다.

예를 들어, 자신이 입지 않는 옷을 '아름다운가게'와 같은 재활용가게에 기부하는 일로부터 시작해도 좋다. 이를 통해서 무분별한 소비주의, 자원 낭비와 쓰레기 문제의 심각성을 접하게 될 기회를 가질 수 있다. 1회용품 사용을 줄이기, 자신의 컵을 휴대하기, 사용하지 않는 전등을 끄고, 안 쓰는 플러그 뽑기, 대중교통 이용하거나 가까운 거리는 걷거나 자전거를 이용하는 것도 좋은 방법이다. 개개인의 작은 실천으로 궁극적으로 지구를 살리는 길에 동참할 수 있다.

먹는 것에서부터 시작할 수 있다. 채식을 하는 것만으로 아마존과 같은 열대우림을 보호할 수 있고, 이산화탄소를 크게 줄일 수 있다. 채식이 어려우면 일주일에 단 하루 채식을 실천하는 '고기 안 먹는 월요일(Meat Free Monday)'을 실천하는 것에서부터 시작해도 좋다.

간혹 일상에서의 친환경생활이 과연 환경을 살릴 수 있을까 회의적이고 냉소적으로 생각하는 사
람들도 있을 것이다. 그러나 거대한 환경문제일수록 일상생활의 문제에서 시작되어야 한다. 개개
인의 의식수준과 행동이 사회적인 공감대를 형성함으로써 산업이나 정책적인 차원으로 연결될
수 있기 때문이다. 그래서 오늘의 에코라이프는 내일의 야심찬 프로젝트보다 중요하고 위대하다.

친환경 삶, 즉 에코라이프는 종종 영어 알파벳 'R'로 설명되기도 한다. 충동구매 하지 않고
(Refuse), 꼭 필요한지 한번 더 생각하고(Rethink), 적게 사용하고(Reduce), 재사용하고(Reuse),
고쳐서 사용하고(Repair), 재활용하는(Recycle)일 등이다. 우리나라의 아껴 쓰고, 나눠 쓰고, 바꿔
쓰고, 다시 쓰자는 '아나바다' 운동과 맥락을 같이 한다. 그러나 '아나바다' 운동은 자칫 어렵던
시절을 상기시키며 절약과 재활용만 강조한 나머지 젊은이들에게 외면 받을 수 있다. 젊은 세대
들도 동참할 수 있는 에코라이프가 되기 위해서는 디자인과 기술, 감성과 이미지 등이 적절히 활
용될 필요가 있다.

# 2. 자연과 소통하는 착한 도시

ECOLIFE

**윤성은**
청강문화산업대학 에코라이프스쿨 에코스타일리스트 전공 교수

국내에 '공간스타일리스트' 라는 직업명으로 처음으로
도입하여 활동하였으며, 최근에는 공간연출 분야에
'그린공간스타일리스트' 라는 직업세계를 도입하였다.

withkjk@ck.ac.kr
http://uecolife.kr

우리나라 인구의 90% 이상은 도시에 살고 있으며, 도시의 살고 있는 우리는 하루 24시간 중 약 18시간 이상을 실내에서 보낸다고 한다. 우리는 자연과 격리된 도시라는 공간의 밀폐된 콘크리트 안에서 삶의 대부분의 시간을 보내고 있는 것이다. 특히, 우리나라의 도시화율은 1960년 39.1%에서 1990년 81.9%, 2005년 90.2%로 2005년에 이미 선진국의 도시화율 (미국 80.8%, 영국 89.2%, 독일 88.5%)에 비하여 더 높고 더 빠르게 진행되었다. 이러한 도시화 현상은 환경의 문제를 필두로 다양한 사회문제 유발하고 이를 해결할 수 있는 다양한 노력들이 나타나고 있다. 이러한 관심은 우리가 살고 있는 공간에 친환경, 녹색, 에코라는 주제를 가지고 다양한 방법으로 녹색 공간을 조성하여 더 이상 우리에게 나쁜 환경을 제공해주는 도시가 아니라, 같이 공존할 수 있는 착한 도시를 만들고자 하는 움직임에 많은 영향을 주고 있다. 도시를 친환경적인 착한 도시로 조성한다는 것은 국민의 90%가 넘는 도시민들의 환경에 대한 욕구를 충족시켜 우리의 삶의 만족도를 높여, 도시민들의 삶을 행복한 삶으로 만들 수 있는 방법이 될 수 있을 것이다.

대부분의 사람들에게 '에코'에 관한 관심은 '무엇을 먹을까', '무엇을 사용할 것인가'와 관련되어 있다. 이러한 문제 못지않게 중요한 것이 우리가 살고 있는 공간 즉 도시를 어떻게 지속가능하도록 유지할 수 있는 것인가에 대한 문제이다. 우리가 살고 있는 도시는 대부분의 인공적인 것들로 계획되어 개발되어져 왔고, 그것들에서 쉴 사이 없이 만들어내는 각종 유해물질들은 더 이상 도시민들이 저항할 수 있는 대상이 아닌, 우리도 모르는 사이에 그것들에 순응되어져 가도록 만들고 있다. 이러한 도시라는 공간에, 공기, 물, 햇빛 등 자연과 소통하고자 다양한 움직임들이 생명력을 잃은 도시를 치유하여 착한 도시를 만들 수 있을 것이며, 그 속에서 우리의 미래를 설계해 볼 수 있을 것이다.

메마른 도시환경 속에서 자연의 녹음을 형성해주는 식물을 이용한 공간연출은 단순히 환경문제 해결을 위한 방법론의 하나일 뿐 아니라 우리 삶을 풍부하게 해주는 필수 조건이다.

오사카의 오가닉 빌딩은 인공적인 건축이 자연과 호흡하면서도 아름다운 경관 연출이 가능하다는 것을 보여주면서 우리의 미래 도시 공간 연출의 대안을 제시한다.

자연과 일체화한다는 개념의 오가닉 빌딩은 건물 외관에 공기정화식물들을 식재할 수 있도록 입면을 디자인하여, 오사카의 랜드마크가 된 건물이다. 오가닉 빌딩의 완공년도 1993년으로, 친환경이라는 개념이 대중화되지 않았던 시기에 벌써 이러한 건축물을 디자인한 건축주와 디자이너 가에타노 페체(Gaetano Pesce)의 미래에 대한 대단한 예측력을 발견할 수 있는 빌딩

이다. 이 빌딩은 자동관수장치시스템에 의한 물 공급으로 관리되는 132개의 화분이 인공의 건물 외관을 장식하고 있다. 각각의 132개의 화분에는 132개의 각기 다른 공기정화 식물들이 심어져 있다. 오사카 도시 한복판에 있는 오가닉 빌딩은 열반사를 완화하여 열섬현상을 낮춰주는 역할을 하고 있다. 또한, 건물 내부에서 사용한 물을 1차적으로 자체 정화해서 외부 식물에

관수하도록 시스템이 설계되어 있는, 단지 건물 외관에 식물을 식재해서 친환경을 표방하는 것이 아니라, 버려진 물을 재사용하여 식물을 유지, 관리하고 있는 진정한 친환경 건축물이다.

건물 외관에 식물을 식재하는 것만으로 끝난 것이 아니라, 건물 내에서 사용한 물을 재사용하도록 설계된 관수시스템을 통하여 식물을 유지, 관리한다.

## 도시농업

도시에 살고 있는 우리의 삶은 자연에서 분리되어 있다. 도시라는 인공적인 환경에서 살아가며 우리가 생존에 필요한 식재료와 오염물질의 정화는 도시 내부의 일이 아닌, 외부에서의 일처럼 우리의 생활공간 밖으로 밀어냈다. 그 결과 도시는 더 이상 자립할 수 없으며, 도시민의 삶의 질이 저하되기에 이르렀다. 도시민의 삶의 질 향상, 우리의 미래를 위한 지속가능한 도시 발전을 위해서는 도시가 다시 자연을 우리 내부에 담아내야 할 것이다. 그러한 움직임으로 도시에서 자연을 만나는 도시농업이 활발하게 이루어지고 있다. 도시농업은 도시민이 도시의 다양한 공간을 이용하여 식물을 재배하고, 동물을 기르는 과정과 생산물을 활용하는 활동을 의미한다.[1]

'도시농업'은 주로 자기가 좋아하는 꽃이나 채소류 또는 과수, 허브식물 등을 본인이 직접 본인의 주거환경과 밀접한 곳에서 재배하고, 그 생산물을 이용하거나, 식물을 재배하는 과정에서 식물을 가꾸는 기쁨과 더불어 건강도 증진하며 정서도 함양하는 등 원예활동을 통한 여러 가지 이익을 얻을 수 있는 활동이라 할 수 있다. 도시농업은 일반 농업에 비하여 그 규모는 매우 작은 편이지만, 도시농업은 다양한 분야를 포함하고 있다. 특히 도시가 발달하고 그에 따라 도시병리 현상도 많아지고 있는 현실에 비추어 보면, '도시농업'은 점점 심화되고 있는 심각한 도시병리 현상을 치유하여 도시를 지속가능한 착한 도시로 만들어 나갈 수 있는 대안으로서, 우리의 삶을 아름답고 건강하게 만들어 줄 수 있는 매우 중요한 대안이 될 수 있을 것이다.

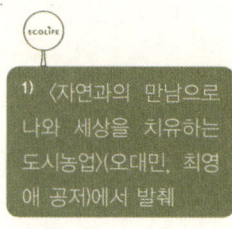

1) 〈자연과의 만남으로 나와 세상을 치유하는 도시농업〉(오대민, 최영애 공저)에서 발췌

텃밭 가꾸기에 필요한 다양한 디자인의 가드닝 도구들

## 그린인테리어

인간은 자연의 일부이고 또 이를 떠나서는 살 수 없다. 급속한 도시화로 인하여 인간은 도시의 빌딩 숲 내의 콘크리트 건물 안에서 아침을 시작하고 하루를 마무리한다. 이렇듯 현대인들의 생활은 이제 실외보다는 실내에서 대부분 보낸다. 이러한 생활환경의 변화는 자연스럽게 실내에 식물을 도입하고자 하는 욕구가 발생하게 되었다. 실내에 연출된 식물은 쾌적함과 시각적 아름다움을 만들어주며, 일조량, 실내온도, 면적 그리고 인테리어 등 실내의 모든 여건을 고려하여 설계, 시공하는 '종합환경디자인' 이다. 또한 식물의 실내 적용은 이러한 시각적인 아름다움뿐만 아니라, 직접적인 자연요소와의 접촉으로 정신적인 피로를 줄여주는 치료의 기능을 하여 심신을 회복하는 데 도움을 주는 긍정적인 요소로 작용한다. 콘크리트에 의해 밀폐된 공간이 자연과 인공으로 공간을 분리하여 실내와 실외를 다른 공간으로 인

실내에 연출된 식물은 공간을 아름답게 연출할 뿐만 아니라
직접적인 자연요소와의 접촉으로 심신을 회복에 도움을 준다.

식하게 하였다면, 식물을 활용한 그린인테리어는 실내외는 하나의 공간이며 하나의 자연으로 인식하고 있다. 이처럼, 다양한 그린인테리어 및 실내조경 연출이 가능하게 된 배경 중의 하나로서 과학기술의 발달을 들 수 있다. 대형유리의 개발과 보급을 통하여 자연광선의 실내도입이 가능해지고, 건축설비 기술의 발달로 온도와 습도를 원하는 상태로 조절 시켜 줄 수 있게 만들어주었고, 인공토양의 개발로 건물에 미치는 하중을 해결할 수 있었을 뿐만 아니라, 순화과정을

통하여 실내에 도입할 수 있는 식물 개발, 관수시설 개발과 같은 기술의 발달로 온대지방의 실외에서나 가능한 식물의 열매나 아열대 원산인 식물을 실내에 도입하여 실외와 전혀 다른 분위기를 연출하는 것이 가능하게 되었기 때문이다. 자연을 떠나서는 살 수 없는 존재임에도 불구하고 하루의 대부분을 자연과 배제된 공간에서 보내고 있기 때문에 자연 환경에 접하여 휴식을 취할 수 있는 공간을 제공하여 쾌적 감을 증진시켜야 한다.

## 식물공장

식물공장(plant factory)은 채소 등의 농산물을 밭이나 논이 아닌, 공장에서 공산품을 만들어내는 것처럼 생산하는 시스템을 말한다. 식물공장시스템은 "농작물에 대하여 통제된 일정한 시설 내에서 빛, 온·습도 등 식물의 생장에 필요한 자연적인 환경 조건을 인공적으로 제어하여 계절이나 장소에 관계없이 자동적으로 연속 생산하는 시스템"이다. 태양을 대신하는 인공광원으로 널리 사용되는 발광다이오드(LED) 기술의 발달은 다양한 모형의 식물공장 시스템을 가능하게 하였다. 식물공장은 도시에 농업을 결합한 대안으로 농사라는 것이 도시 외부의 넓은 농지에서 해야 한다는 개념을 뒤바꿔 놓았으며, 환경 조건에 관계없이 일정하게 작물을 수확할 수 있는 장점

국내 최초 대형마트 매장內 크린룸 채소 재배!

깨끗하고 안전한 농산물을 제공하기 위해 롯데마트가 직접 재배하여 판매합니다

국내 대형 마트에서 설치된 식물공장시스템.
소비자들이 마트에서 직접 재배되는 것을 보고바로 구입할 수 있다.
사진재공: 인성테크 www.cityfarm.co.kr

이 있다. 현재는 시스템 운영을 통한 매출보다는 직접 재배해서 먹을 수 있다는 상징적인 의미가 더욱 강하지만, 식물공장은 도시화 사회에서 미래농업을 이끌 원동력이자 대안으로 떠오르고 있는 산업이다.

국내 대형 'L마트'는 국내 최초로 상업형 식물공장을 운영하고 있는 ㈜인성테크와 오염 환경을 차단한 무농약 재배 시설을 갖춘 식물공장인 '행복가든'을 오픈하였다. 소비자들은 현장에서 본인이 구입하는 먹거리의 환경을 직접 보고 구매할 수 있도록 하였다.

도시민들은 바쁜 생활 속에서 쉽게 찾을 수 있는 자연, 즉, 일상적으로 만나고 체험할 수 있는 환경에 대한 요구가 있다. 우리가 살고 있는 도시의 녹지공간은 급격한 도시 성장과 집중 과정에서 양적으로 많이 훼손되었으며, 도시인구에 비해 녹지는 상대적으로 부족하다. 더군다나, 이러한 도시녹지 중에서도 상당 부분은 우리가 일상에서 만나는 도심 내의 공간이 아닌, 도시의 외곽에 위치하고 있어 실제 체감하는 녹지 환경은 매우 제한적이다.

공간의 수직적 요소를 대부분 차지하고 있는 벽면을 녹화하여 연출하는 버티컬 가든은 도시민들에게 심리적으로 쾌적한 환경속에 노출되어 있는것 같은 이미지를 준다.

이러한 환경 하에 도시 내의 곳곳에 조성된 작은 녹지공간들은 도시민들에게 정신적인 편안함을 주며, 기분전환을 촉진하는 등 궁극적으로 우리가 사는 삶의 환경의 쾌적성을 높여준다. 도시의 작은 녹지공간들은 사람들이 쉽게 접근할 수 있으며, 시간의 제약 없이 자유롭게 이용할 수 있는 열린 공간이다. 이와 같은 도시 내의 공간은 도시민의 휴식을 위한 편안한 공간으로 특별한 목적성 없이 자유롭게 이용하며, 도시민 모두가 시간제약 없이 이용할 수 있는 오픈스페이스이다.

도시 곳곳에 연출된 식물은 쾌적한 도시를 만드는 데 많은 공헌을 하고 있다.

옥상정원은 도심의 빌딩 숲에 오아시스를 만들어 도시민들에게 쾌적함을 선사한다.

도시에 이와 같은 녹지를 조성하면 주변 도심보다 상대적으로 기온이 낮아져 부분적으로 하강기류가 발생하고 냉각된 공기가 주변 도심으로 흘러나와 도시의 기후 환경을 개선할 수 있다. 또한, 여름이나 높은 고온이 나타날 수 있는 도시 내 고밀도의 업무지역이나 상업지역 등과 같은 도심중심지에 녹지공간이 조성되면 문화적인 측면에서 뿐 아니라 냉각(cooling) 효과도 크다. 즉, 도시 녹지가 주변 기온을 감소시켜 열섬현상을 완화시키고 쾌적한 공기를 제공하므로 도시 주민 환경의 질적 향상에 크게 기여할 수 있다.

도시 곳곳에 연출된 식물들은 도시민들에게 정신적인 편안함을 주며, 기분전환을 촉진하는 등 우리 삶의 환경 쾌적성을 높여준다.

# 3. 지구를 살리는 아름다움의 비밀

ECOLIFE

**왕종두**

그린디자인연구소 소장
서울시 그린디자인 정책 자문위원
(사) 도시경영포럼 환경아카데미 원장

wangcom@hanmail.net

## 그린디자인의 배경

우리는 지금 인류의 지속가능한 삶이냐 아니면 하나밖에 없는 지구를 잃어버리느냐 하는 매우 중요한 시점에 와 있다. 왜냐하면 대량생산, 대량소비, 대량폐기에서 나오는 대량유해물질(온실가스)로 지구가 뜨거워져 더 이상 인간이 살 수 없기 때문이다. 또한 생산농지 및 자원부족이 심화되고 있지만 인구증가, 산업화, 환경오염은 더욱 늘어나 지구생존까지 위태로워지고 있다. 자연재해와 환경사고로 사람은 물론 근원인 생물종다양성의 생태계가 무너지고 있다. 우리는 자연과 사람이 함께 공생한다는 것은 간과하고 자연을 도구의 수단으로 이용했기 때문이다. 배려 받지 못한 자연은 그대로 환경의 역습으로 나타나 인간을 도리어 위협하고 있다. 필자는 유네스코 2010 생물종다양성해를 맞이하여 '난 미처 몰랐었네! 그대가 나였음을~!' 환경계몽포스터를 그래픽디자인으로 표현하였다!

디자인의 유래를 살펴보면 처음에는 적은 양의 곡식을 개간할 디자인이 필요했지만, 이제는 많은 양의 지구표면을 빠른 시일에 개간하기 위해 영화 <아바타>에서 보았듯이 어마어마한 파괴디자인이 만들어지고 있는 것이다. 이렇게 디자인 발전이 목적에 따라 지구를 위협하고 있듯이 사람의 생각과 행동도 디자인과 똑같다고 생각한다. 빈 라덴이 9.11테러를 일으켜 수만 명의 목숨을 잃어 버리게 했다면, 엘 고어 부통령은 지구를 수십 번 돌아다니며 "지구온난화의 주범은 인간이다."라고 환경재앙을 알리며 지구구명운동을 하고 있다. 그러므로 우리는 사람과 디자인의 역할과 책임이 얼마나 중요한 것인지 깨달을 필요가 있다.

지금은 환경시대이다. 삶의 터전인 지구를 후세들에게 지속가능한 상태로 물려주어야 한다는 친환경적인 생각과 행동이 필요하다. 우리의 생활단면을 살펴보기로 하자! 평소에 생활하는 데 물건들이 많이 모자란다고 생각했는데 이사를 갈 때 보면 왜 이리 짐이 많은지 실감이 날 것이다. 이것은 밸런스문제이다! 우리가 너무 플러스 생활을 하고 있기 때문이다. 이제는 마이너스 생활을 해야 한다. 절약하고 재사용, 재활용을 해야 한다. 그래야 밸런스를 맞추어 지구와 인간이 지속가능한 삶을 살 수 있다고 생각한다. 지속가능한 삶이 되려면 정부 및 지자체, 기업, 소비자 및 정책, 제도, 행정에서 쓰레기 디자인을 배출해서는 안 된다. 권력과 명예를 위해, 정치 생명을 위해 만든 정책이 본인의 수명을 다하면 왔던 대로 가지만, 나쁜 정책은 두고두고 남아 후손들에게 쓰레기로 힘들게 할 것이다.

# 나는 미처 몰랐네..
# 그대가 나였음을!

## 생물다양성은 생명·생물다양성은 우리의 삶

생물종다양성해를 위한 포스터이미지 (출처: 유네스코)

# 그린마케팅의 필연성

산업에서는 그린마케팅이 매우 중요하다. 환경문제가 전 세계적인 탄소경영 요건이 되고 있고 사회적인 책임을 실천하는 마케팅, 안전/자연의 본질을 재인식하는 개념이 필요하게 된 것이다. 그래서 기업은 경영방침을 실용주의, 인본주의, 자연주의를 추구해야 한다. 다시 한번 기업의 그린마케팅을 정의하면 "인류공통의 관심사인 환경보존문제를 기업이 재인식경영하여 생존을 추구하려는 전략적 마케팅이다."

그린마케팅 전략을 살펴보면 그린제품에서는 소비과정에서 자원을 절감하고 공해와 쓰레기배출을 억제, 사용 시 안정성을 최대화하고 제품의 수명길이, 재사용이 가능하게 만들어야 한다. 또한 가시적인 요소로서 환경적인 상표 및 디자인, 환경마크의 부착 제품의 포장, 포장지의 절감재생포장지를 사용해야 한다.

그린유통에서도 이미 사용한 자원(제품, 폐기물 등)을 순환하여 그것이 리버스 채널(Reverse Channel), 즉 처음 만들어진 것과 동일한 과정으로 환원시켜 제품을 재창조하도록 하는 유통시스템이 필요하다. 그러기 위해서는 생산자, 유통업자, 소비자, 자원재생업자, 국가/자자체 등이 함께 참여하여 그린시스템을 만들어야 한다.

그린가격결정은 제품 생산과정에 나오는 방출물 처리비용과 청정생산 및 처리 기술 개발비용, 법적 규제 적용비용, 원재료와 상품에 대한 수송비용, 재난과 그에 따른 보험비용, 그린마케팅비용, 환경관련세금 등으로 이루어진다. 특히 소비자들은 재순환 물질로 제조된 그린제품이 천연자원으로 제조된 제품에 비해 품질이 떨어진다는 인식이 있다는 의견이 있다.

그린프로모션에서는 친환경적인 기업 이미지 및 환경의식적인 소비행동을 유발시키도록 해야 한다. 환경 관련 정보와 소비자교육을 통해 인지전환을 하고 참여권유로 행동을 전환시키며 의식적인 소비행동유발을 통해 행위전환, 그러므로 가치를 전환시키는 전략이다.

이렇게 4P를 가지고 기업은 비용을 절감, 자원 및 탄소를 저감하고 규제에 순응하여 뉴비지니스 창출과 제품경쟁력을 향상시켜야 하는 것이다.

## 새로운 해석 방식의 그린디자인

자동차로 예를 들면, 기존의 장소이동 효용을 제공하는 것으로 해석되기
보다는 철강, 원유, 정유, 고무, 제조, 신차, 도로, 주유소, 공해, 소음, 활용
도, 폐차 등의 일련의 순환과정을 고려한 토털시스템 자동차로 인식하는
친환경통합디자인개념이 필요하다. 디자인을 시작할 때 환경, 품질, 비용
등 주요 요소의 70%가 설계 단계에서 결정된다. 즉 설계-생산-유통-소
비-폐기-수거에 이르는 일련의 과정에서 유해물질을 저감, 재활용가능성
을 향상, 에너지효율을 높이고, 물질사용량을 저감하며, 사용수명이 오래
가도록 디자인해야 한다.

갈수록 환경의 이슈가 커지고 있는 시점에서 디자이너에게 큰 영역이 주
어짐으로써 아름다움을 표현하는 미적형상성뿐만 아니라, 제품이 전 과
정에서 미치는 결과에 대한·이해가 필요한 시점의 새로운 방식으로 디자
인해야 하는 것이다. 디자이너의 영역도 더욱 넓어져 정책과 행정에서뿐
만 아니라 사회, 문화, 스포츠, 산업 및 여러 부분에서도 필요한 인적자원
이 되었다.

산업혁명을 지나면서 대량생산, 대량소비, 대량폐기로 지구차원의 받아들일 수 없는 포화상태에 도달함에 따라 자연과 사람의 생존이 한계에 이르렀다. 종합적으로 그린디자인을 정의하면 생명의 밸런스를 위한, 통합적 측면을 위한, 자연을 위한, 윤리를 위한 지속가능한 삶을 유지시키기 위한 새로운 디자인 행위인 것이다.

다시 한번 강조한다면, 설계-생산-유통-소비-폐기-수거에 이르는 과정에서 에너지절감, 자원절약, 저탄소 등을 디자인하는 것이다. 그린디자인 방향에는 재활용 디자인, 자연분해 디자인, 폐기물최소화 디자인, 에너지효율성 디자인, 수명장기화 디자인, 공정재자원화 디자인, 폐자원재활용 디자인, 최소부피/경량화/포장 디자인, 소재의 순수성을 높이는 디자인 등 다양한 방향들이 요구되고 있다. **지구를 살리는 디자인-녹색디자인에 우리의 미래가 있다.**

밤 하늘을 밝히고 있는 십자가들
이를 통하여 그린디자인을 실천할 수는 없을까?

## 그린디자인 다양한 사례

필자는 어느 날, 무심코 보이는 수 없이 많은 십자가 풍경에서 아이디어를 얻게 되었다. 환경보전에 앞장서야 할 교회가 지금도 하루 종일 화석에너지로 이산화탄소를 배출하고 있다. 이에 태양광십자가로 낮에 에너지를 모았다가 야간에 전기를 활용함으로써 청정에너지 사용과 친환경적인 의미와 역할을 보여주고 싶었다. 「작품1」은 평창 필립보생태마을에서 학생들에게 환경교육 작품으로 사용되고 있으며, 「작품2」는 서울 명일동 성당에 비치되어 청정메시지를 전하고 있고, 「작품3」은 충청북도 음성군 감곡면 마을광장에 감곡성지 교우들이 마을광장에 들려 견학도 하고 친환경농산물 구매도 하도록 그린마케팅 일환으로 디자인되었다. 약 4kW를 발전하여 저녁에 쓰고 남은 전기는 한전에 되팔고 있다. 지금도 태양광십자가작품들이 적절한 장소에서 환경메시지를 전달하고 있다.

자연 순환 유골함(천연염색/한지)
디자인 이진모

**친환경 태양광 십자가**

1. 낮에 태양에너지를 모아 밤에 빛을 내는 태양광 십자가(첫 번째 작품).
2. 명일동 성당에는 LED로 십자가를 형상화한 두 번째 작품을 기증했다.
3. 최근 충북 음성의 성당에 설치된 태양광 십자가는 세 번째 작품이다.

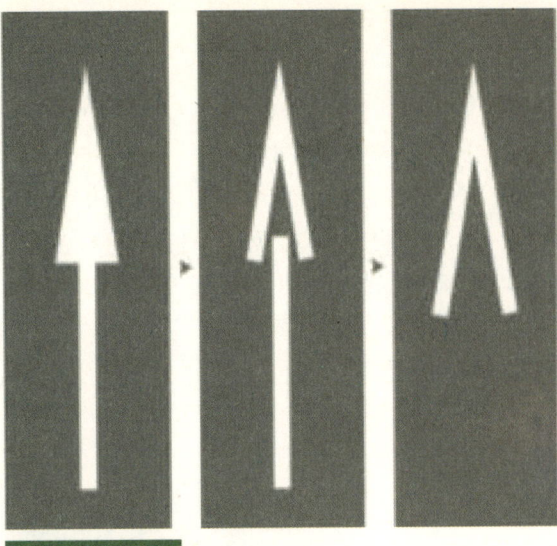

페인트절약 그래픽

디자인-윤호섭(국민대 명예교수)

재사용 물 절약(세면대 및 세탁기)

디자인-안드레이 보조르

신문종이 절약편집

디자인-윤여경(경향신문 아트디렉터)

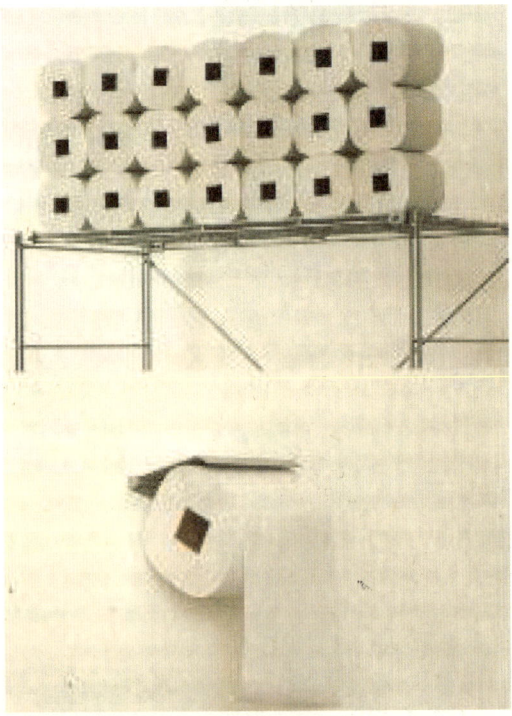

사각형태 휴지디자인으로 종이절약

디자인-반 시계루

# 4. 착한밥상 – 맛있는 기적

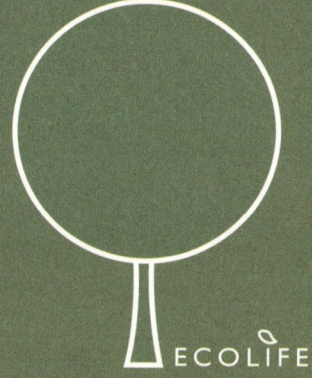

ECOLIFE

**김현숙**

청강문화산업대학 에코라이프스쿨 교수
푸드비전 연구소장

hskim@ck.ac.kr

전 세계적으로 각국의 정부와 기업들이 가장 많은 투자, 지혜를 모아 노력을 기울이게 될 분야가 환경보호와 지속가능한 성장을 보장할 수 있는 친환경적 라이프스타일과 테크놀로지 관련 분야가 될 것임은 자명한 일이다. 그러한 기업의 요구에 따라 당연히 전문 인력의 필요가 더 많아질 것이며 새로운 비즈니스 모델과 직업 스타일이 생겨나게 될 것이다. 생명을 유지하기 위한 본능이자 인간다운 참살이를 영위하기 위해 가장 기본적이고 중요한 행위가 어떤 것일까요? 당연히 매순간 숨 쉬는 것을 멈출 수 없는 것이고, 그 다음으로는 매일 세 끼의 식사를 통해 음식을 섭취하는 식생활이 아닌가 생각한다.

서울 강남의 산부인과 명의로 유명한 의사가 자신이 암에 걸리자, 육식 위주의 잘못된 식습관에 원인이 있었다는 것을 깨닫고, 신장암과 대장암의 항암치료와 함께 청국장 식이요법을 실천해서 두 가지 암을 모두 고치고 '청국장' 전도사가 되었다는 얘기는 유명하다. 그가 운영하는 장수청국장 레스토랑에 가보았는데, 가격에 비해서 맛과 모양, 서비스도 좋고, 요리 하나하나에 정성이 담겨 외국인에게도 자신 있게 소개하고 싶은 아주 훌륭한 음식이었다. 최첨단 의료지식을 갖춘 많은 의사들이 최근 숲속에 '명상센타'나 '식이요법', '시골밥상' 등에 관심을 갖고 실천하는 데는 분명 서양 의술만으로는 다하지 못하는 의학 이전의 임상적 성과로 인정할 만한 충분한 근거가 있다고 볼 수 있다. 하기야 서양의술의 아버지인 '히포크라테스'가 기원전 400년 경 전에 이미 '음식으로 고치지 못하는 것은 약으로도 고치지 못 한다.'고 했다니 더 할 말이 없다.

일본에서는 한식을 소개할 때 '의식동원(醫食同源)' 또는 '약식동원(藥食同源)'이라는 표현을 쓰고 있다. 즉 우리 조상은 예로부터 밥상에서부터 생명을 생각하고 건강을 만들어 왔다는 것은 참으로 자랑스럽기 그지없는 일이다.

전 세계적으로 유명한 장수마을들의 공통된 특징도 거의 풍토에 맞는 독특한 식습관에 기인 한다는 것은 이미 널리 알려진 사실이다. 일본은 장수국가로도 유명하지만, 의술의 발달로 인해 수명이 연장되어 병원이나 요양시설의 도움을 받아 연명하는 노인들의 의료비 부담은 국가 재정을 휘청거리게 할 정도로 심각한 사회문제이다. 그런데 노인 1인당 의료비가 적으면서도 무병장수하는 마을로 유명한 곳이 녹차의 산지로 유명한 시즈오카현의 한 작은 마을이라는 것이 최근 의료계의 큰 주목을 받고 있다.

「생노병사의 비밀」이나「잘 먹고 잘 사는 법」,「황금 밥상」등 장수 프로그램의 타이틀을 보더라도 안전한 먹을거리와 건전한 식습관이 우리 삶의 질을 좌우하는 데 얼마나 영향을 주는지는 물론, 이것은 선택의 문제가 아니라 필수 불가결한 우리 인류 모두의 공통적인 생명 그 자체에 대한 본질적인 관심사라는 것을 실감할 수 있다.

안전한 먹을거리와 건전한 식생활이 에코라이프, 즉 친환경적인 참살이의 출발이라고 할 수 있는 몇 가지 사례를 더 살펴보자.

# 지구와 우리의 몸, 자연환경과 삶의 질은 모두 '이어진 고리'

'푸드 마일리지 운동' 얘기를 들어본 적이 있을 것이다. 식품수송에 의한 환경부하량 파악에 필요한 지표를 '푸드 마일리지'라고 하는데, 풀어 얘기하면 생산지에서 소비자의 식탁까지 수송량(톤)에 이동거리(킬로미터)를 곱한 수치를 말하는 것이다. 1994년 영국의 환경운동가 팀 랭(Tim Lang)이라는 사람이 처음 주장했는데, 식재료의 이동거리를 줄여 에너지 소비와 이산화탄소 배출을 줄이자는 취지에서 시작되었다.

이 '푸드 마일리지 운동'을 실천하고 있는 각 나라의 사례로, 캐나다의 '100마일 다이어트 운동'은 100마일 안에서 생산되는 식품만 먹자는 운동이다. 그 거리 안에서 밀이 생산되지 않아 빵을 먹지 못하게 되자 자연스레 다이어트 효과까지 생겨서 다이어트 운동이라는 이름이 붙여졌다고 한다.

일본에서는 '지산지소(地産地消)운동', 즉 그 지역에서 난 식재를 그 지역에서 소비한다는 뜻이고, 미국에서는 '로컬푸드 운동'이 활발하고, 우리나라에서도 한살림이 '가까운 먹을거리 운동'을 펼치고 있다고 하니 반가운 일이다. 이러한 움직임은 건강한 먹을거리에 대한 관심이 높아지면서 먼 거리를 이동하기 위해서는 어쩔 수 없이 변질을 막기 위한 첨가물 사용과 가공, 포장 등 우리 몸과 지구 환경에 바람직하지 못한 공정들이 늘어나게 마련이고, 자국의 이익을 보호하기 위해 미국산 쇠고기 파동과 같은 무역 마찰까지 초래되고 있으니 우리가 우리의 밥상과 먹을거리를 건강하게 지키기 위해서는 생산자와 소비자의 의식 개혁과 '나부터' 실천하는 노력이 필요한 것은 두 말할 필요가 없다.

지역에서 생산되는 재료를 소비하는 일본의 '지산지소(地産地消)운동'

올 겨울 호주 동부에서 사상 초유의 홍수로 밀가루의 가격 파동과 수급에 비상이 걸릴 것 이라는 뉴스가 있었다. 우리들이 좋아하는 빵과 라면 등 밀가루로 만드는 제품들도 당연히 그 영향권에서 피해갈 수 없을 것 같다.

호주에서 홍수가 난 것이 왜 우리의 식탁에 직접적인 영향을 주는 것일까? 그 이유는 잘 아시다시피 지구온난화의 영향으로 기후변동과 이상기온 현상으로 지구가 몸살을 앓고 있고, 가장 치명적이고 직접적인 영향을 받는 것이 바로 농림수축산업, 즉 먹을거리의 생산 현장인 것이다. 호주까지 갈 것 없이 우리나라에서도 작년 초겨울에 갑자기 불어 닥친 이상 한파와 대설로 출하를 앞둔 채소가 냉해를 입어 배추 한포기에 만 원 이상 가격이 폭등해서 김치가 금치가 되는 사태가 빚어지기도 했으니, 기후와 농산물의 작황은 뗄려야 뗄 수 없는 관계가 있음을 다시 한 번 되새기게 한다. 그래서 선진국들은 '식물공장' 이라고 해서 기후변화에도 안정적으로 채소와 과일을 생산할 수 있도록 기술 개발에 박차를 가하고 있다.

대부분의 사람들은 빵을 좋아한다. 「제빵왕 김탁구」 덕분으로 '탁구빵' 이라는 제품도 나왔다고 하니 과연 그 열기가 더해져서 빵 만드는 분들이 신나겠다 싶다. 덕분에 '세상에서 가장 행복한 빵을 만들겠습니다.' 라는 탁구의 메시지를 가슴에 품고 '내일의 제빵왕' 을 꿈꾸는 청소년들이 늘었다고 한다. 그런 반면 빵식이 늘어나면서 '쌀' 소비가 급격히 감소해서, 풍년이 되면 오히려 벼농사를 짓는 농부들은 한숨을 내쉰다고 하니 가슴 아픈 현실이 아닐 수 없다.

빵의 주재료는 밀이다. 그런데 우리나라 밀소비량의 99%는 호주나 미국 등 해외에서 수입에 의존하고 있어 푸드 마일리지로 따지자면 가장 심각한 수치가 예상되니 한번 더 생각해보게 하는 먹을거리가 아닌가 싶다. 요즘 일본에서는 물론 한국에서도 햄버거, 샌드위치, 피자 등 빵을 기본 소재로 다양한 식사대용 조리빵 메뉴들이, 흰 밀가루, 우유, 설탕 등이 아토피의 원인이 된다는 이유로 밀가루 대신 쌀, 잡곡으로 우유와 버터, 설탕을 넣지 않은 자연식 빵과 내추럴 스위츠들이 몸에도 좋고 맛도 있어 많은 인기를 모으고 있다. 쌀가루의 가격이 밀가루에 비해서 조금 비싸기는 하지만, 우리 농민과 밥상, 무엇보다 우리 자신의 건강을 위해서는 지혜로운 선택과 소비의식이 필요하다.

우리가 매일 별다른 생각 없이 취하던 한 끼의 식사를 현명하게 선택함으로써, 우리나라의 농토를 옥토로 만들고, 우리의 풍토와 체질에 맞는

일본에서 개발·판매 중인
현미로 만든 쌀국수

안심하게 먹을 수 있는 먹을거리를 우리 손으로 생산해서 식량자급율을 높이는 것은 물론 가까운 지역의 소비자들에게 신선하고 안전하게 공급할 수 있게 된다면, 우리 한 사람 한 사람의 깨어있는 행위가 자신의 몸이 살고, 우리 농민과 농토가 살고, 지구를 살리는 첫 단추가 된다는 것을 실감할 수 있을 것이다.

식량자급률 향상은 물론 지역생산물의 활성화가 국민건강을 담보하는 예방의학으로서 그 중요성을 인식하고, 이미 몇 년 전부터 범정부 시책으로 전개해나가고 있는 일본의 사례를 살펴보자.

## 마크로비오틱, 슬로푸드 원조는 우리의 시골밥상

2005년 7월부터 일본에서는 '식육기본법'이 제정되어 실시되면서 '21세기 국민건강만들기'라는 슬로건 하에 내각부 식품안전위원회가 중심으로 농림수산성, 후생노동성, 문부과학성 등 5개 부처가 범정부 국민운동으로 전개하고 있다.

식육이란 먹는 고기를 말하는 것이 아니고 '먹을 식(食)에 기를 육(育)', 즉 바른 식생활 교육이라고 할 수 있다. 그 일환으로 성인병 예방을 위해

서 40세 이상의 성인을 대상으로 허리둘레, 체지방, 혈당, 혈압, 콜레스테롤 등 검진을 의무화하고, 식생활 처방을 통한 전 국민의 건강관리를 시작하고, 성인 남녀의 허리둘레가 성인병의 바로메타로 소개되면서 '메타볼릭 신드롬'이라는 말이 유행되면서 허리둘레의 체지방 '배둘레햄'을 연소시키는 데 도움이 된다는 기능성 음료가 대박을 터뜨리기도 했다.

그런데 '식육(食育)'이라는 말이 처음 사용된 것은 1898년 이시츠카 사겐(石塚左玄)이라는 약제사가 어린이들을 지도함에 있어 지식, 재능, 체육교육 등이 식생활 교육(식육, 食育)에 근본이 있다고 하면서 신조어로 사용한 것이 최초였다고 한다. 성인이 되어서 건강관리를 할 것이 아니라 어릴 적의 식습관이 성인이 되어서는 물론 건강 장수의 근원이 된다는 중요성을 강조한 것이라고 할 수 있다.

그 후에도 1903년에 인기 연재소설 〈식도락〉에서 무라이 겐사이는 '어린이에게 도덕, 지능, 체육보다 식육이 먼저다. 체육과 덕육의 근본은 식육에 있다.'고 기술하고 '흰쌀은 찌꺼기'에 불과하다고 주장하면서 현미를 적극 권장하는 것이 시초가 되었다. 어린이들의 미네랄 발란스가 풍부한 건강한 식습관을 통해 신체 발달과 학습능력을 높이고, 더 나아가 어릴 때의 '세살버릇 식습관이 평생의 건강을 좌우한다.'고 주장한 것이 100년이라는 세월이 흘러 법제정으로 결실을 맺게 된 것이다.

뒤늦은 감은 있지만 우리나라에서도 2009년 5월에 '식생활교육지원법'이 국회를 통과했다. 그 공청회에도 직접 참석했었는데 서양의 '영양학'이 들어오면서 우리네 전통식을 무시하여 초중고생 비만율이 11%에 달하는 처참한 지경으로 국민 건강을 망쳐놓았다고 목소리를 높이는 의사도 있었지만, 여하튼 일본은 예방의학, 교육, 환경 등 관련 범부처 간 종합적인 기본법을 책정한데 비해, 우리는 농림수산식품부에서 그것도 기본법이 아니라 '지원법'으로 대폭 축소되어 실시되고 있는 실정으로, 과연 실효성이 얼마나 있을지 모르겠다. 조속히 관련 범부처 간 범국민 식생활 개선운동으로 자리 잡기를 기대해본다.

## 한식 세계화–우리의 전통음식 세살적 우리의 밥상머리 교육부터

마크로비오틱(macrobiotic), 로하스, 슬로푸드, 재래종자 보호운동 등은 농산물의 종자까지 유전자 변형 등의 인위적이고 대량생산의 대상으로 몰아가고 있는 대기업들의 먹을거리에 대한 공업화의 폐해를 자각한 많은 의식 있는 사람들의 지지를 받고 있다. 그런데 이러한 라이프스타일은 바로 우리네 조상들의 삶 속에 그대로 스며들어 있던 삶의 지혜이고, 우리 전통 음식들은 정성과 기다림의 미학을 담고 있는 마크로비오틱, 슬로푸드 그 자체라고 할 수 있다.

재료의 가공을 최소화한 마크로비오틱 요리

'한식의 세계화'를 외치면서 많은 예산을 동원해서 해외 시장을 개척하려고 애쓰고 있는 것으로 알고 있는데, 정작 한식이 국내에선 홀대받고 있는 것이 현실이 아닌지 모르겠다. 1인당 연간 쌀 소비량은 1990년 119.6㎏에서 지난해 75.8㎏으로 급감한 사실은 물론, 된장이나 장류, 김치 등 전통 제조법으로 만들어온 우리의 발효식품 소비저하가 이를 단적으로 보여주는데, 더 이상 전통 음식에 대한 관심과 애정이 사라지는 것을 바로잡기 위해서라도 시급히 우리 전통음식에 대한 교육과정 도입과 바른 식생활교육을 유아원부터 초등학교는 물론 모든 청소년을 대상으로 철저히 실천해서 우리 식문화에 대한 자긍심을 되살리고, 건강한 몸과 마음을 만들 수 있는 기본 의무교육 과정으로 실시해야 할 것이다.

프랑스에서는 어린이 '미각교실'을 초등학교에서 적극 도입해서 잃어버린 '미각 찾기' 운동을 벌여오고 있다. 해마다 10월 둘째 주를 '미각주간'으로 정해 프랑스 요리행사를 개최하여 향토음식과 전통적인 조리방법을 홍보하고, 식생활 교육에 대한 지속적인 관심과 주의를 이끌어내고 있다. 일본도 부모와 함께 참여할 수 있는 '식육주간' 이벤트를 개최함은 물론 '식육검정', '건강식육 마이스터' 등 식육 지도자 양성 및 어린이 식육 교육 프로그램에 사용하는 다양한 교재가 개발되어 있다. 그리고 산지와 생산자에 대해 소개하면서 감사한 마음으로 천천히 씹어 먹기, 젓가락의 올바른 사용법, 식사예절 등 음식뿐만 아니라 밥상머리 매너교육도 강조하고 있다.

SBS 드라마 「스타일(Style)」을 통해, 주인공의 식사 푸드 스타일리스트가 일본에서 유래된 '마크로비오틱' 요리를 소개하면서 국내에서도 이것이 유명해진 것 같다. 마크로(macro)는 '크다, 위대하다', 비오(바이오, bio)는 '생명', 틱스(tics)는 '기술, 방법'을 뜻하는 의미이니까, 즉 위대한 생명의 식사법, 자연주의 요리법이라고 해석할 수 있겠다. 현미식을 기본으로 채소는 뿌리와 껍질까지 모두 먹기, 요리 과정을 최소화해 영양 손실 줄이기, 재료 선택 시 신토불이 원칙과 음양 조화 지키기가 특징인데, 우리네 조상들은 일상생활 속에서 너무나 당연하게 해오던 식사법이다.

1950년 경 미국으로 건너간 일본인 쿠시 미치오 박사는 올바른 먹을거리와 식생활 습관으로 전 세계가 평화로운 유토피아를 만들 수 있다고 믿고, 평화운동으로서 마크로비오틱을 제창한 사람이다. 그는 '마크로비오틱'이라는 개념으로 서양인들이 이해하기 쉽게 체계적으로 동양적 건강식에 대한 사상적 근거와 실천법을 수많은 저서와 다이어트(식생활) 지도서를 영어로 소개하였다. 존 레넌, 클린턴 대통령, 마돈나 등 유명인

일본의 식량자급율향상운동
FOOD ACTION NIPPON

들의 지지를 받고 실제로 그들의 사생활에서 직접 실천하는 것이 전해지면서 미국인 30% 이상이 식생활을 바꾸게 되었다고 하고, 이 이론을 정립한 '쿠시 미치오' 박사의 사상과 연구, 보급 활동을 높이 평가한 미국 정부는 생존하는 외국인으로서는 역사상 처음, 미국 국립 스미소니안 박물관에 그가 연구한 성과를 보존할 정도로 존경을 받고 있다. 일본인들은 우리들이 너무나 당연하게 여기고 소홀히 했던 우리의 전통 식문화를 세계인들이 알기 쉽도록 역사적 배경, 사상과 실천법을 전파하고 지속적으로 연구를 계속함으로써, 자국의 식문화의 브랜드 이미지 향상을 통해 관련 식재료, 전통식품의 수출은 물론 자국의 요리인들의 세계 시장 진출에도 원동력이 되고 있는 것이다.

## 에코라이프 관련 산업은
## 국가의 전략적 '녹색성장동력'

이제 전 세계 어디에서도 '건강지향', '안심안전' 한 먹을거리에 대한 관심은 공통이다. 한 걸음 더 나아가 환경 친화적 먹을거리, 지속가능하고 안전한 식량생산 확보는 국가의 안보와도 맞먹는 최첨단 전략산업으로 간주되고 있다.

그런 차원에서 일본 농림수산성을 중심으로 국민건강도 향상시키고, 식량자급률도 높이기 위한 국민운동으로 'FOOD ACTION NIPPON' 을 전개함으로써 각 분야의 전문가와 소비자를 참여시켜 '쌀소비' 를 활성화 할 수 있는 다양한 조리법, 가공기술, 제품개발에 많은 노력을 기울이고 있고 적극적으로 소비자들과 커뮤니케이션하고 있다.

서구화된 라이프스타일 가운데에서라도 시대의 흐름에 맞는 새로운 레시피로 우리의 농림수축산 생산물로 건강한 먹을거리를 개발해나가고, 한편 우리 전통 식품에 대한 교육 콘텐츠, 프로그램 개발을 통해, 관련 기술과 관광 등 외식 서비스 산업이 발달하면, 자연히 국가의 브랜드 파워도 향상되고, 지속가능한 '녹색성장 동력'으로 발전하게 될 것이다. 그야말로 이산화탄소 배출도 줄고 국토는 옥토가 되고, 국민들이 건강하게 되면 의료비 부담은 줄고 생산성이 높아질 테니 일거 삼득 이상인 셈이다.

## '인간적인 삶의 질'을 모두가 향유하기 위한 '푸드비전' 10차산업

기분이 좋아지고 행복해지는 이미지로 어떤 장면을 떠오르는가? 맑은 하늘과 푸른 초원의 목장, 황금빛 물결치는 들이나 밀밭, 숲 속엔 맑은 시내가 흐르고 새들이 지저귀는 광경은 생각만 해도 몸과 마음이 편안해지면서 모든 근심 걱정이 사라지는 것 같을 것이다.

천혜의 자연 환경과 전통적인 여유 있는 삶의 라이프스타일을 체험할 수 있도록, '그린 관광'이라는 콘셉트로 템플스테이, 에코투어, 슬로시티, 홀리스틱 투어리즘 등 다양한 프로그램이 개발되어 운영되고 있다. 최근에는 로컬푸드의 중요성을 삶의 현장에서 직접 체험해볼 수 있는 주말농장, 옥상채원, 팜 엔터테인먼트나 친환경적 놀이를 통한 커뮤니케이션 '네이처 게임', 나무나 천연 소재로 장난감들을 직접 만들어 보는 핸드 크래프트 등 다양한 교육적 의미까지 더해져서 '에코 에듀테인먼트(에듀케이션과 엔터테인먼트의 합성어, eco edutainment)'가 인기를 얻고 있다.

우리나라에도 '국제슬로시티협회'에 일곱 군데의 전통적인 삶의 방식을 그대로 보존하고 있는 마을들이 등록되었다는 것은 반가운 일이다. 관광학계의 원로 학자인 손대현은 관광은 '식광(食光)'이라고 했는데, 슬로시티하면 슬로푸드 즉, 그만큼 관광 또는 문화체험의 주요한 요소의 하나로 먹을거리가 연상되고, 그 지역의 향토 특산물 개발은 지역 경제 활성화에도 커다란 힘이 된다. 지역은 물론 우리나라를 대표하는 특산물 개발을 위해서 제품기획과 생산, 유통, 마케팅 전문가들이 지혜를 모아 우리나라와 관광지를 찾는 외국인들이 반할만한 멋진 특산물을 소개한다면 국가 브랜드 이미지도 향상될 수 있다.

우리는 농림수축산업을 1차 산업이라고 배워왔다. 그런데, 생명과학이나 IT, CT 등 첨단 바이오테크, 외식서비스산업, 마케팅 개념 등이 부가되면 그 가치는 상상을 초월한 정도가 된다. 그런 가능성을 실현하기 위해서, 근간이 되는 1차 산업이 무너지면 3차 산업도 설 자리가 없어진다는 위기감이 부각되면서 1,2,3을 곱해서 시너지 효과를 표현하는 뜻으로 '농업은 6차 산업'으로 불리면서 그 중요성이 재인식되고 있다. 그러나 나는 여기서 한걸음 더 나아가 교육과 콘텐츠 개발을 추가하는 '푸드비전'의 구현을 통해서 각 산업 간의 컨버전스(융합) 효과와 부가가치의 극대화를 실현할 수 있으므로, 푸드 인더스트리는 10차 산업이라고 생각하고 있다. 푸드 인더스트리, 즉 먹을거리 관련된 6차 산업의 중요성을 머리로는 인식하고 있지만, 매일 매일 우리의 삶속에서 생활의 자

연스러운 라이프스타일로 만들기 위해서는 어린이부터 성인까지 모든 국민을 대상으로 하는 지속적인 평생 교육 프로그램을 개발해야 하고, 각 분야의 전문가들을 양성해서 기업과 사회의 필요에 부응할 수 있도록 배출시켜야 하며, 모두가 알기 쉽고 실천하기 쉽도록 콘텐츠와 시스템을 개발하기 위해서는, 에코 프로덕트의 디자인 개발과 스토리텔링 등 콘텐츠 산업화 하는 작업이 함께 융합했을 때, 비로소 10차 산업으로서의 부가가치를 극대화 할 수 있을 것이다.

## 맛있는 기적, 해피 투게더

우리 인간은 혼자만의 행복을 추구한다는 것이 성립될 수가 없다. 앞서 기술한 것처럼, 우리는 우주와 지구라는 커다란 생명의 고리 속에 인간만, 아니 나 자신 혼자만을 뚝 떼어낼 수 없는 '이어짐' 속에 생명을 받아 태어나고, 숨 쉬고 먹고 성장하고 살아가고 있기 때문이다.

착한 밥상, 건강한 식생활을 중심으로 한 친환경적 참살이, 에코라이프의 실천으로 맛있는 기적을 이루어, 우리의 삶이 나날이 행복하고 풍요롭고 모두가 해피 투게더, 함께 행복해지는 우리 사회로 만들어 가야 할 것이다. 지난 30여 년간 우리나라는 앞만 보고 '빨리빨리' 정신과 '다이내믹 코리아'를 외치며 눈부신 경제발전을 이루어 세계가 부러워하는 석세스 스토리, 한강의 기적과 IT강국의 브랜드 파워를 이루었다. 그러나 이제는 한 숨 고르고, 진정한 석세스 스토리, 인간다운 삶의 질을 높이는 '맛있는 기적'을 이루어야 할 때이다.

# 5. 자연에서 놀자

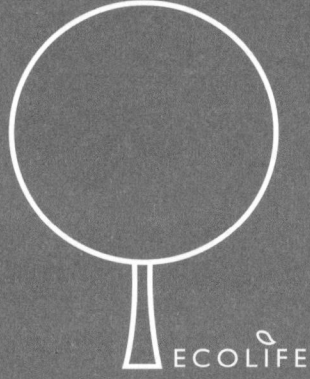

ECOLIFE

**황경택**
생태만화가, 생태놀이 코디네이터
풀빛문화연대 교육위원

〈만화로보는 주제별생태놀이〉 문광부 우수교양도서 선정

eco-toon@hanmail.net

요즘 화두로 떠오르고 있는 교육이 환경, 기후변화, 생태 등 인간과 자연의 친밀감을 도모하는 교육들이다. 용어들을 살펴보면 비슷하기도 하고 자세히 보면 다른 부분도 있다. 하지만 결국 생태교육이건 환경교육이건 모두 지구에서 살아가는 인간들이 보다 더 행복하고 인간다운 삶을 살기 위한 방법을 모색하는 것으로 통한다.

그렇다면 생태교육은 어떻게 하는 게 좋을까? 먼저 생태교육이 지향하는 바를 알아야만 가능하다. 생태교육도 엄연히 교육의 일환이다. 교육이라는 것은 '학습'을 목표로 한다. 무엇인가 전달자의 메시지가 있고 그 메시지가 피교육자에게 전달되어야 한다. 최근에 연구결과에 의하면 이론교육보다 체험교육의 교육적 효과가 훨씬 높게 나왔다고 한다. 그런 이유로 체험교육이 활성화되고 있다. 하지만 그 본질을 벗어나 장소와 교구 등에 중점을 두는 체험교육이 많아졌다.

생태교육이라는 것은 생태의식을 고취시키는 교육이다. 생태라고 하는 것은 에콜로지(ecology)라는 영어에서 보면 어원상으로 '집'을 말한다고 한다. 즉 생태란 지구상에 살아가는 동식물가족을 말한다. 그런 생물들이 함께 가족처럼 어울려 살아가는 것이 좋다고 여기는 마음. 그것을 획득하도록 지도하는 학문이 생태학이라고 할 수 있겠다. 생태교육이란 그것을 교육시키는 것이고, 생태놀이란 그런 의미에서 생태철학을 전달하는 놀이라고 이해하면 쉽게 정의가 될듯하다.

생태철학을 전달하는 생태놀이를 하기에 가장 적합한 장소는 다름 아닌 자연이다. 자연놀이도 역시 생태놀이와 같은 선상에 있다고 보면 좋을 것이다. 우리가 자연놀이에 관심을 기울이는 이유는 크게 두 가지가 있다. 첫째는 자연주의 철학 혹은 생태철학을 느끼기에 자연만큼 좋은 것이 없기 때문이다. 둘째는 교육효과가 높은 연령대가 유아시기인데 유아들에게 놀이가 아주 큰 비중을 차지하기 때문이다.

어떻게 생각해보든 결국 자연놀이는 교육의 일종이다. 어떤 교육이든 이왕이면 그 효과면을 생각해보지 않을 수 없는데, 바로 유아교육이 그런 면에서 가장 중요하다고 볼 수 있다. 유아시기에 접한 가족, 친구, 사회, 자연 등과의 관계는 평생을 좌우할 수 있을 정도로 영향이 크다. 따라서 생태 및 자연교육을 하고자 한다면 유아시기부터 접근하는 것이 옳다. 어떤 교육을 하든 교육적 효과를 거두기에는 유아시기가 가장 적합하다. 특히 자연교육이야 말로 어릴수록 영향력이 크다 할 수 있다.

이에 왜 어린시기에 자연교육을 해야 하는지, 자연교육 중 어떤 방식이 유용한지, 자연교육을 실시하고 있는 숲유치원의 실상은 어떤지, 바람직한 자연교육은 어떤 방향인지 간단히 이야기 해보고자 한다.

# 자연에서의 놀이 교육

자연놀이와 같은 체험교육의 효율성, 필요성에 대해서는 이미 많은 시간, 많은 자리에서 거론되고 있고, 그 사실이 증명되고 있다. 현재 숲, 갯벌, 하천, 박물관 등 다양한 체험교육이 이루어지고 있는 것이 실상이다. 그러나, 체험교육에 대한 올바른 이해가 없다면 아무리 좋은 환경이라고 해도 교육효과는 크지 않을 것이고 오히려 환경을 훼손하거나, 아이들에게 그릇된 철학을 전달해줄 우려가 있다. 아울러 꼭 자연 속으로 혹은 박물관으로 가지 않더라도 체험교육은 가능하다는 것을 알았으면 한다.

체험교육에도 여러 가지가 있다. 갯벌체험, 박물관 체험, 곤충체험, 도자기체험 등등 헤아릴 수 없이 많다. 또한 그것들을 구현하는 방식에 있어서는 일정한 형태가 있다. 그 중에 가장 필요한 것이 바로 '놀이'이다.

## 놀이의 필요성

아이들에게 있어 놀이란 곧 삶이라고 해도 과언이 아니다. 아이들은 천성적으로 놀이를 좋아하고 놀면서 배우고 놀면서 자란다.

아이들에게 있어서 놀이는 중요한 의미가 있다. 놀이를 통해 사회에 대한 기초적인학습과 사람과 사물에 대한 탐구가 시작되기 때문이다. 어느 아동심리학자는 '아이들이 놀이터에 가지는 관심은

모두들 산책로를 걷고 있는데 아이들 두명이 난간을 잡고 걷고 있다. 이런 것도 일종의 놀이이다. 아이들은 천성적으로 노는 것을 좋아한다.

아이들은 놀면서 많은 것을 배우게 된다.

그들의 영역, 경계, 벽, 기구, 표면에 대한 감각과 관련이 있다' 라고 했다. 7세 이전의 아이들은 언어보다는 놀이로 더욱더 적절히 대화한다고 한다. 놀이가 아이들에게 얼마나 중요한지 알 수 있는 지점이다.

'잘 노는 새끼 여우가 사냥을 잘 한다.' 라는 말이 있다. 노는 행위를 통해 민첩성과 근력 등 운동능력이 향상되고, 운동능력만이 아니라 놀이를 통해 창의력과 문제해결능력이 향상되었기 때문에 가능한 것이다. 그런데 오직 거기까지일까? 인간의 신체활동은 정신과도 연결이 되어있다고 한다. 운동을 자주 하는 사람이 그렇지 않은 사람보다 '나는 행복하다' 고 느끼는 '행복지수' 가 높다고 한다. 또한, 본격적인 숲 교육에 앞서 몸을 쓰는 프로그램을 진행하면 긴장이 풀리고, 모르던 사람과도 친밀감이 생겨서 하루 교육이 무난하게 진행되는 경우가 많다. 노는 행위는 육체적인 기능 발달만이 아니라 정신적인 부분에도 영향을 주는 것이다. 창의력과 지적능력 향상, 문제해결능력 향상만이 아니라 스스로 즐기고 행복해한다는 것이다. 자신의 삶이 행복하다고 느낀다는 것은 자존감의 향상만이 아니라 삶의 동기부여가 될 수 있기 때문에 아주 중요한 지점이라고 할 수 있다.

처음 만나는 사람일지라도
몸을 활용한 놀이를 하고 나면
몸이 풀리는 것뿐만 아니라
마음속 긴장감도 함께 풀리게 된다.
몸과 마음은 따로가 아니다.

## 숲은 좋은 놀이터

취학 이전의 아동들이 운동장에서 놀고 있는 것을 관찰했더니 절반 이상의 시간을 공간의 10분의 1도 되지 않는 좁은 곳에서 보냈다고 한다. 눈앞이 개방되어 있어 전망이 좋은 폐쇄공간을 선호하는 것은 유전적으로 체계화된 인간의 반응이라고 한다. 숲에는 그런 공간이 아주 많다. 숲에서 놀이를 하는 이유 중 하나가 바로 이것이다.

숲에는 놀 게 아주 많다. 숲이 곧 놀이터이다.

아이들에 맘놓고 뛰어놀 공간이 점점 사라지고 있다.

숲에서의 놀이는 자연물을 관찰하고 느낌으로써 지각을 예민하게 하고, 지식을 증가시키며, 여러 숲속 생물들 간의 관계성을 통해 나와 타인 간의 커뮤니케이션 능력이 향상되고, 공동체의식이 배양되며, 나아가 지구상의 동식물과 인간의 관계성까지도 인식하게 된다. 흙이나 나뭇가지 등으로 만들기를 하거나 비밀기지를 짓거나 하는 공작활동을 통해 창의성 및 예술 감각을 향상시키고, 숲속을 거닐며 편안한 휴식을 통해 긴장을 풀어주며 영성을 획득하게 도와주고, 나무타기 및 균형잡기 등의 신체활동을 통해 육체의 발달과 아울러 정신적인 발달까지도 가져올 수 있다.

단순히 숲을 이용하고 숲에서 교훈을 얻는 것 이외에도 인간의 문화 자체가 숲에서 기원했기 때문에 숲이란 공간과 우리의 삶은 떼려야 뗄 수 없는 관계인 것이다. 그럼에도 자연을 떠나 도시로 이동하고 있고 거주지 또한 자연에 가까운 곳보다는 자연과 점점 멀어져 가고 있다.

1900년대엔 인구의 1%가 대도시에 살았었다고 한다. 하지만 지금 현재 21세기엔 인구의 38%가 자연이라고는 찾아볼 수도 없는 대도시에 거주하고 있다. 우리가 먹는 밥, 반찬이 되는 식량자원 식물들이 자라는 것은 볼 수조차 없다는 것이다. 벼를 보고 "저거 쌀 나무야?"라고 말하는 도시 아이들의 황당한 이야기가 이제는 너무도 당연한 일이 되어버렸다. 우리 어른들은 아이들에게서 빼앗아선 안 될 것들을 많이 빼앗고 있다. 그중의 하나가 신나게 놀 자연공간이다. 요즘의 어린이들에게 놀이가 절대적으로 부족한 것은 놀이를 할 만한 공간이 사라졌기 때문이다. 그나마 존재하는 숲이나 공원 등에서 생태교육을 하는 것은 천만다행이다. 숲에서 놀이의 형태로 아이들을 이끄는 것은 자연의 진리와 지식을 알려주기보다는 아이들이 아이답게 자라게 하는 의도가 더 크다.

## 다양한 자연놀이

숲에서 소중한 시절을 보낸 사람이라면 그 숲이 파괴되는 것을 원치 않을 것이다. 일차적으로 인간은 소중하다고 느끼는 것을 자기 자신의 삶에 투영하는 경우가 많다. 자신에게 소중한가 그렇지 않은가를 먼저 따지게 되기 때문이다. 어린 시절 뛰어놀던 고향마을이 물에 잠긴다면 아쉬울 것이다. 그런데 그 이유는 다른 것보다 어릴 적 소중한 추억이 사라지는 것이 아쉽기 때문이다. 자연 속에서 재밌게 놀았다면 자연이 그만큼 소중하게 다가갈 것이다.

또한 모든 교육에는 의도와 목표가 있는데 그 목표가 잘 수행되려면 교사가 수업을 재밌게 진행해야 한다. 그런데 숲에서 진행되는 교육을 보면 간혹 너무 딱딱하게 철학을 강조하거나 혹은 자연을 보호하라고 강요하기도 한다. 그럴 경우 산만해지거나 교사의 말에 집중을 하지 않는 경우가 많다. 그럴 때 놀이를 함께 진행하게 되면 집중력과 흥미도가 높아져서 보다 쉽고 효과적인 수업을 진행 할 수 있다.

신나게 놀고, 그 이면에 메시지를 끼워 넣는 것이 좋은 교육 방법이라고 할 수 있다. 그런 면에서 자연놀이가 갖는 교육적 장점이 있는 것이다. 그러한 자연놀이에는 일정한 유형이 있는데 그 유형에 맞는 몇 가지 놀이를 소개해본다.

### 오감체험
시각, 청각, 미각, 후각, 촉각 등의 오감을 활용하여 자연을 발견하고 느끼게 해주는 감각 활동.

### 해설
동식물의 분류기준, 이름의 유래, 가치 등을 자연에서 만나는 동식물을 직접 보며 말로 설명하는 활동.

### 관찰
자연현상 및 생태계의 변화를 관찰 도구를 이용하여 관찰하거나 기록하는 활동.

### 실험
간단한 실험도구를 이용하여 자연현상을 탐구하고 조사하며 이해할 수 있는 활동.

### 토론
일정한 주제에 대해 자유롭게 참가자들이 의견을 나누면서 적절한 문제해결 방안을 알아내는 활동.

### 게임
신체를 활용하는 활동놀이를 통해 자연현상을 이해하는 활동.

### 예술 창작 놀이
음악, 미술 등 예술 활동 및 자연물을 이용한 공작활동을 통해 자연물에 대한 이해와 창의력을 키워주는 활동.

### 되어보기 및 연극 활동
공동체의식을 심어주며 자연 안에서의 나를 발견하게 해주는 활동.

**다양한 자연놀이**

1. 눈을 가리고 손의 감각으로 주머니 안에 있는 자연물을 맞히는 놀이
2. 해설에는 반드시 예시활동이 따라줘야 한다.
3. 관찰활동에는 활동지가 곁들여지는 게 효과적이다.

4. 숲의 녹색댐 역할에 대
   해서 실험을 하고 있다.
5. 토론을 통해 상대방의
   의견이 나와 다르다는
   것을 알게 된다.
6. 신체활동이 활발한
   놀이야 말로 아이들이
   정말로 좋아하는 것이다.
7. 자연물로 작품을
   만들다 보면 저절로
   창의력과 예술성이
   향상된다.
8. 나무되어보기를 통해
   나무에 대해 이해하게
   된다.

아이들이 유치원에 오자마자 노래를 함께 부르고 어제 있었던 일을 각자 발표한다.
교사는 옆에서 간단한 말로 도와줄 뿐 강요하거나 주도적이지 않다.
(2010년 일본, 피꼴로 숲유치원)

## 숲유치원

놀이터로서 아주 유용한 공간이 바로 숲인데, 그 숲을 교육의 장소로 적극 활용하고 있는 것이 바로 숲유치원이다. 숲유치원은 유아를 위한 생태교육을 위해서 전 세계적으로 나날이 확대되어 가고 있고, 연구가 심화되고 있다. 하지만 어떤 것이 올바른 것인가는 아직도 계속 연구 중이다. 이 지면을 빌어 간단하게나마 숲유치원의 역사 및 현황, 안고 있는 과제 등에 대해서 얘기해보고자 한다.

### 숲유치원이란?

숲유치원은 한마디로 그냥 우리가 어릴 적 뛰어놀던 대로 놀자는 곳이다. 출발이 북유럽의 숲에서 왔기에 '숲유치원'이라 부를 뿐 내가 사는 가장 가까운 자연에 가서 노는 유치원이 바로 숲유치원이다. 숲유치원이란 용어만 들으면 숲에 유치원이 있다고 여길 수 있으나 실제로는 일반 유치원에서 숲 활동을 하는 시간을 갖는 것만으로도 숲유치원이라고 부르고 있고, 한편으로는 프로그램 자체를 일컫는 용어로 사용되기도 한다.

스웨덴에서 한 민간협회가 시작한 자연교육 운동이 덴마크로 독일, 스위스, 오스트리아로 '숲유치원' 이란 이름으로 퍼져갔고 이후 영국, 스코틀랜드, 벨기에, 핀란드에 숲유치원이 설립되며 미국, 캐나다, 일본, 한국 등으로 이어지게 되었다.

우리나라의 경우엔 2008년 북부산림청에서 일반 유치원에 숲해설가들을 합류시켜 프로그램을 진행하면서 시작되었고, 2010년에는 송파구청에서 구립어린이집에 숲유치원을 시범적으로 운영하게 되었다. 다른 나라에 비해 국가 및 정부가 주도 및 지원해준다는 점이 특이하다.

### 숲유치원의 효과

일반 유치원에 비해 자연 안에서 뛰어노는 시간이 많기 때문에 신체를 활용하는 시간이 많아 몸이 건강해지고 정신까지도 유연해지며, 자연물을 관찰하고 발견하면서 감성이 향상되고 아울러 영성의 개발까지 이르게 된다. 또한, 나무를 오르는 등 주어진 과제들을 스스로 해결하면서 독립심 및 자의식이 강해진다. 그리고 무엇보다도 다양한 자연현상을 통해 삶의 지혜를 얻게 된다.

숲유치원에서는 구체적인 프로그램을 진행하지 않고 자연스럽게 아이들 스스로 놀이를 찾아가면서 논다. (2010년 일본, 피꼴로 숲유치원)

### 숲유치원에서는 무엇을 배울까?

공동체적인 유대관계와 자연과의 공존, 생명과 생태를 중시한다고 하는 숲유치원의 교육방식은 어떻게 될까? 숲이 교과서가 되고 숲에서의 놀이가 교육이며 삶인 숲유치원의 기본 교육철학은 '교사없는 교육, 프로그램 없는 교육'이다. 교사와 프로그램 없이 어떻게 수업을 할까 의문이 들겠지만, 아이들은 숲 안에서 스스로 놀이를 찾아내고 만들어내며 창의적이고 자율적이며 긍정적인 사고를 갖게 된다. 교사는 단지 안내자가 되어 아이들이 다치지 않고, 스스로 자연이 품고 있는 풍성한 세계로 들어갈 수 있도록 유도해주기만 하는 것이다. 물론 교사나 학부모는 조급해하지 말고 기다려줄 줄 알아야 한다. 무엇보다도 교사 스스로 자연을 느끼고 자연과 하나됨을 느끼는 것이 중요하다. 교사가 느끼지 않고 아이들에게 느끼게 할 수는 없기 때문이다. 그렇기 때문에 숲에서의 교육은 단순히 장소만의 변경이 아니라 교사 및 학부모의 생각까지도 바꿔준다.

학부모가 일일 교사로 참여하여 함께하고 있다.
(2010년 일본, 피꼴로 숲유치원)

## 부모의 역할

숲유치원은 교사와 부모가 공동체적인 유대관계를 형성하고 있다. 부모가 발기인이 되어 숲유치원이 개설되는 경우가 많다. 재정적인 열악함을 메우기 위함도 한몫하여 부모들이 일일 교사로 아이들을 돌보는 경우가 많다. 전문적인 소양이 부족하다고 할 수 있겠으나, 오히려 학부모가 아이들과 함께 시간을 보내고, 유치원 운영에 관여할 수 있다는 것은 바람직한 현상이라고 할 수 있다. 결국 교육에 있어서 특히 어린아이의 교육일수록 부모의 철학과 참여도가 큰 역할을 한다고 볼 수 있다. 유아에 대한 교육은 부모의 생각에 달려있다고 해도 과언이 아니다.

## 숲유치원의 과제

하지만 아직 숲유치원은 많은 해결해야 할 과제들을 갖고 있다. 숲유치원의 개설에 앞서 숲유치원을 왜 개설해야 하는지 무엇을 가르쳐야 할지 개설목적 및 철학이 밑바탕이 되어야 하는데, 아직은 일반유치원의 형식에 숲체험 활동이 첨가된 상태라고 보인다. 숲유치원만의 개설목적이 뚜렷하게 제시되어야 할 것이다.

아울러 아이들을 지도하는 교사의 자질에서도 문제가 된다. 자연의 이치를 이해하고 아이들이 자연 속에서 스스로를 발견하고 자연과 하나 되어가는 과정을 이끌어가야 하나 아직은 동식물의 이름 및 그것을 활용하여 진행 가능한 몇 가지 놀이 정도를 알려주는 것에 그치는 곳이 많다. 숲유치원 만의 독자적인 교사가 아니라 유아교육학과를 수료하고 이후 숲생태교육을 받은 이가 숲유치원의 교사가 되는 것이 현실이다. 그런 현상은 외국의 경우에도 마찬가지다. 보다 더 전문적인 교사 양성에 힘을 써야할 것이다.

무엇보다도 원생의 모집이 중요하다. 아직까지는 숲유치원의 효용성 등에 대해서 많은 부모들이 동의하고 있는 상황은 아니므로 일부 소수만이 숲유치원에 관심을 갖고 있고 그 소수에게도 숲유치원의 입학이 자유롭지는 않다. 경제적인 것, 원거리 이동 등을 포함해서 원생의 인원이 많지가 않다. 원생이 많지 않으므로 유치원의 재정도 열악한 수준을 벗어나기가 어렵다. 다행히 우리나라의 경우는 국가적인 지원이 있기에 어느 정도 그런 부분은 극복가능하다.

## 자연교육이 지향해야할 방향

아직까지도 자연교육을 통해 특정한 목적을 이루고자 하는 경우가 많다. 자연교육을 통해서 창의적이고 자율의지를 가지고 학습하는 아이를 만들어 개인 각자의 능력을 향상시켜 경쟁사회에 적합한 인재가 되도록 하기 위함이라고 여기고 있는 경우가 많다. 실제로 그러한 목적을 가지고 자연교육을 하는 교사 및 학부모가 더 많은 게 현실이다.

하지만 자연교육에서 지향하는 것은 특정한 한 개인의 능력 향상이 아니고 자연과 가까운 아이, 자연과 교감하는 아이, 자연과 하나가 되어 인간과 자연이 공존해야한다는 것을 자연스럽게 체득하는 아이가 되도록 하는 것이다.

공부를 잘 하거나 창의적인 아이로 만드는 것이 목적이 아니라, 자연을 벗하고 자연과 함께하는 시간을 보냄으로써 성인이 되었을 때도 자연을 거스르지 않고 순응하며 스스로의 삶을 행복하게 만들어가고, 무조건적인 개발보다는 공존의 방향을 모색할 줄 알고 자기 혼자만의 생각이 아니라 타인의 생각을 공유할 줄 아는 그런 사람이 되도록 하는 것이다. 그러므로 아이들에게 강요하거나 주입식의 교육을 하는 게 아니고 기다릴 줄 알아야 하고 바른길을 제시해줘야 한다. 또한 교사가 제시하는 그 길이 자연과 인간이 함께하는 길이어야 한다. 그러므로 자연교육을 하고자 하는 사람들은 깊은 철학적 사고가 동반되어야만 한다.

## 자연놀이 기획자들에 대한 당부

### 프로그램 기획에 있어서

#### ❶ 균형을 생각하라

놀이에도 여러 유형이 있다. 그러한 유형들이 균형적으로 녹아있는 것이 바람직하다. 관찰놀이만 세 시간을 한다거나 활동놀이만 세 시간을 한다거나 하는 것은 바람직하지 않다. 관찰, 오감체험, 실험, 활동놀이, 창작 및 예술 활동 등의 프로그램이 균형을 이루는 것이 좋다.

#### ❷ 흐름을 유지하라

시작부터 마무리까지 흐름이 물 흐르듯 진행이 되어야 한다. 답사와 리허설을 통해 보완할 수도 있고, 강사의 재량에 따라 보완 가능할 수 있으나 초기 기획부터 이것을 염두에 두고 기획하는 것이 좋다. 간단한 몸 풀기를 통해 호기심을 자극하고, 감수성을 자극하고, 에너지를 분출하는 활동놀이를 하면서 자연과 하나되는 과정을 거쳐서 마무리는 자연 속의 나 혹은 자연과 나의 관계성을 일깨워주면서 감동적으로 마치는 것이 좋다.

#### ❸ 연속성을 가져라

1회로 끝나지 않고, 1년 간 정기적으로 지속한다든지 집에 돌아가서도 학습을 계속해서 사이트에 글을 게재한다든지 하여 수업이 연속되는 것이 좋다. 아울러, 그런 연속성 있는 수업을 위해서는 새로운 패러다임을 제안할 수 있어야 한다. 단일 단위 프로그램의 기획만이 아니라 학교와 연계하는 수업, 공원의 1년, 절기마다의 식물놀이, 동화가 있는 숲 놀이 등의 수업을 기획해내야 한다.

### 강사의 교육 진행방식에 있어서

#### ❶ 질문하라

답을 바로 말해주지 마라. 어쩌면 내가 알고 있는 게 답이 아닐 수도 있다. 끊임없는 질문과 고민이 아이를 창의적이고 집중력 있는 아이로 만든다. 스스로 궁금해 하고 스스로 궁금증을 풀어가도록 유도해야 한다. 그러기 위해선 불친절한 강사가 되어야 한다. 일일이 하나에서 열까지 꼼꼼히 친절하게 안내하고 이끌어 주는 것은 아이들에게 생각할 시간을 그만큼 빼앗아 버리는 것이다.

"선생님 이건 왜 그래요?"라고 질문하면, "그러게, 왜 그럴까?"하고 반문을 해보자. 바로 답하지 말고, 아이들에게 생각해볼 시간을 주고, 주도적으로 정답에 가깝게 접근하도록 이끌어주는 것이 필요하다.

### ❷ 안내자는 안내자일 뿐이다

교육을 하다보면 교육자 자신이 감동하여 자신의 감정을 억제하지 못하는 경우도 있다. 당일의 감동과 재미는 참가자의 몫이란 것을 기억해야 한다. 그러기 위해서는 진행자는 참가자들이 보다 더 체험하고 느낄 수 있도록 유도를 해주면 된다. 아이들의 경우 더욱 그렇다. 모든 프로그램의 과정 및 결과는 아이들의 고민을 통해 나와야 한다. 의도했던 방향과 딱 맞아떨어지지 않더라도 그런 과정을 스스로 겪어본 것으로도 의미는 충분하다고 할 수 있다. 놀이의 주인은 아이들이다. 진행 강사는 어디까지나 안내자일 뿐이다.

### ❸ 다시 숲에 찾아오고 싶게 하라

숲에서 즐거운 경험을 하고, 멋진 추억을 만들어가야 하는데, 지루하고, 불편하고, 화나고, 혼란스러웠다면 다시는 숲에 오고 싶지 않을 수도 있다. 오늘 돌아가도 내일 당장 또 오고 싶은 게 숲이고 자연이라고 느낄 수 있도록 재미난 수업을 할 필요가 있다.


자연과 인간이 함께 공존하는 세상을 만들고자 애쓰는 것이 생태교육이다. 그런데 자연보전과 개발의 대립선상에서 결국 정책을 입안하고 결정하는 것은 소수의 리더들이다. 그들에게도 어린 시절 자연의 소중함을 일깨워주는 자연교육이 있었다면 현재와 같은 판단은 하지 않았을 것이다. 어린 시기에 어떤 교육을 접했는가가 그만큼 세상을 변화시킬 수 있다고 본다. 자연교육의 효과는 유아시기에 높게 나타난다. 그리고 수업방식은 다른 방식의 교육보다 '놀이' 수업이 유아에게 적합하고 효과도 높다. 따라서 유아들에게 자연과 함께 놀 수 있는 기회를 많이 주어야 한다.

그러한 결정은 결국 부모가 하게 된다. 자연교육에 있어서 어떤 방향의 수업이 좋을지 부모가 정하고 부모가 관리를 하는 것이므로 결국 부모의 철학관과 연관이 있다고 볼 수 있다. 자연교육을 진행하는 교사의 질과 교육프로그램의 질이 높은 것도 중요하지만 아이에게 올바른 자연교육을 실시하기 위해서는 자연교육의 본질을 이해하고 교육기관을 견제 및 지원하고 지속적으로 아이들에게 관심을 가지고 관리를 해주는 부모의 영향력이 가장 크다고 할 수 있다. 부모들은 본인 각자의 생태, 환경 철학의 깊이와 방향성을 스스로 재점검해볼 필요가 있다. 자연과 생태를 곁에 두르고 알맹이는 변화 없는 경쟁을 유도하는 교육을 하기를 바라거나 자연 안에서 키우고 이후엔 도시민이 되길 바라는 표리부동의 철학을 소유한 상태에서라면 올바른 자연교육은 기대할 수 없다.

교사와 학교는 학부모에 이끌려 갈 수밖에 없다. 물론 교사의 능력에도 그런 방향성이 달려있다고 볼 수 있다. 자연학교 및 숲유치원의 대표자의 철학적 사유의 깊이가 깊고 미래에 대한 올바른 방향제시가 되어준다면 부모 또한 교육기관을 믿고 따를 것이다. 따라서 유아를 위한 생태교육에 있어서는 교육자와 학부모 양자의 선택에 달려있다고 할 것이다. 즉, 생태교육에 있어서 장소, 도구보다도 교사와 부모의 철학적 깊이와 방향이 훨씬 더 중요하다고 할 수 있다.

우리 아이들이 자연의 소중함을 알고 함께하는 성인이 되기를, 스스로의 삶을 행복하게 가꿔가기를, 나아가서 지구가 건강해지기를 바라면서 자연놀이에 보다 더 많은 관심을 기울이기를 바란다.

# 6. 자연으로 떠나는 **나만의 치유 여행**

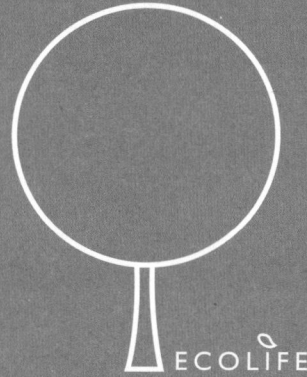

ECOLIFE

**김기원**
국민대학교 산림환경시스템학과 교수
사)숲과 문화연구회 회장
한국산림치유포럼 이사

숲이 들려준 이야기(2004/효형출판사), 아름다운숲 찾아가기(2006/도솔) ,
숲해설아카데미(2010/국민대 출판부/공저) 외 다수 저서 출판

kwkim@kookmin.ac.kr

# 산림치유

현대인에게 웰빙과 건강을 위해서 좋은 것을 선택하라면 맑고 깨끗한 환경을 떠올릴 것이다. 의학의 아버지인 히포크라테스(Hippocrates, BC 460년경~BC 377년경)는 건강을 위한 핵심요소로서 물과 공기와 장소를 일컬었다. 건강하게 사는 데에는 이들 요소들이 어떤 것들보다 중요함을 강조하고 있다.

그런데, 오늘날 우리 주변의 생활환경에서 물, 공기, 장소가 어떤 상황에 처해 있는지 한번 곰곰이 살펴보자. 계곡과 하천과 바다는 오염되어 깨끗한 물을 찾기가 쉽지 않게 되었고, 대기는 혼탁해져서 도시의 생활환경은 점점 더 열악해져 가고 있는 실정이다. 생활환경이 위협을 받으면 받을수록 깨끗한 물과 맑은 공기가 살아 숨 쉬는 곳이 있다면 그러한 곳은 언제나 오염된 환경과 일상생활에 지친 심신을 쉬고자 하는 사람들한테 사랑을 받아왔다. 그곳은 다름이 아닌 숲이다.

최근 나무들이 발산하는 특정 물질이 신체의 건강을 증진할 수 있다는 과학적인 보고들이 이어지면서 숲은 건강 증진을 위한 휴양 장소로 더욱 크게 각광을 받고 있다. 특히 산림욕은 나무가 발산하는 테르펜(피톤치드)의 보건 의학적인 작용과 녹색 숲이 주는 심리적 정서적 효과로 인하여 더욱 인기가 높아지고 있다. 그 같은 이유로 산림욕장이나 자연 휴양림의 숙박시설은 거의 사계절 만원을 이루고 있다. 숲이 지닌 여러 가지 보건의학적인 기능에 의지하여 건강을 증진할 수 있다고 기대하기 때문이다.

어떤 물질이 병자의 몸과 마음을 치료할 수 있다면 그것은 약이 될 수 있다. 이때 병자의 몸과 마음이 나았다면, 즉, 병이 나았다면 '치유(治癒)'되었다고 한다. 치유란 사전적인 의미로는 '치료하여 병을 낫게 함'이라는 뜻풀이와 함께, '자연은 스트레스로 시달리는 영혼을 치유하는 데 큰 도움이 된다.'라는 예문을 싣고 있다(표준국어대사전). 뜻풀이 속에는 무언가 치료에 효과 있는 물질이나, 약이 되는 것으로 병을 낫게 한다는 의미가 들어있다. 산림치유란 산림이 지닌 다양한 보건의학적 기능으로 심신을 치료하여 병을 낫게 하는 것이라고 말할 수 있다. 그렇다면 산림이 발산하는 물질, 혹은 나무나 숲 자체가 사람들을 치유할 수 있는 능력이 있을까?

## 숲과 치유요소의 특성

숲 속에는 녹색의 생명들이 뿜어내는 신선한 산소, 나뭇잎에 걸러진 맑은 공기와 땅속 깊은 곳에서 흘러나온 깨끗한 물, 음이온, 산림욕 물질 등 건강을 증진시키는 주요한 요소들이 가득하다. 또, 숲은 사계절 시시각각 변화하는 다채로운 모습으로 눈을 즐겁게 해준다. 산딸기며 더덕, 머루와 다래, 테르펜 향기 등은 계절을 달리하면서 입과 코를 즐겁게 해준다. 깊은 산속, 새들의 간드러지는 지저귐 소리를 들으며 명징한 초록빛 계곡물에 발을 담고 있노라면 스트레스가 해소되는 것은 물론이려니와, 그 어떤 질병이라도 곧 나을 것 같은 기분이 든다. 어떤 고급 병원도 이렇듯 오염되지 않은 신선한 물질로 오감을 만족시켜 주는 숲처럼 몸과 마음을 진정시키고 편안하게 해주지 못할 것이다. 숲은 정서적으로 심리적으로 안정을 주고 심신을 양생하는 녹색의 요람이며 건강을 지켜주고 회복시켜 주는 요양소(療養所)이다.

웰빙을 찾아 나선 사람에게나 (병후)휴양이나 요양이 필요한 사람한테는 공통적으로 요구되는 조건이 있다. 그 조건을 생리적 조건과 정신적 조건으로 구분할 수 있겠다. 생리적인 조건이란 생명유지와 건강증진을 위해서 핵심적으로 필요한 요소들을 갖추어야 됨을 말하는 것으로서 그 요소들은 물, 공기, 햇빛, 장소를 말한다. 정신적 조건이란 숲이 평화, 고요, 기쁨 등의 긍정적인 의식을 갖게 해주는 것으로서 몸과 마음을 건전하게 유지하는 밑거름이 되게 한다. 숲이 과연 치유에 필요한 이러한 많은 조건이나 기능을 지니고 있을까?

## 생리적 핵심요소

### 공기

숲속의 공기는 '맑고 신선' 하다. 맑은 이유는 숲이 지닌 공기 거름 작용(air filtering) 때문이다. 대기 중에 떠다니는 각종 오염물질들과 먼지들은 나뭇잎과 가지에 흡착되어 공기가 맑아지게 된다. 논밭이 먼지를 흡착할 수 있는 능력(흡착률)을 1로 보았을 때 울창한 숲은 그것의 200배에 달한다는 연구결과가 이를 뒷받침하고 있다. 또한, 공장지대 대기 1L 중에 들어있는 먼지의 수는 약 50만 개인데 비하여 숲은 500~2,000개에 불과하다고 한다. 이것은 숲속의 공기가 공장지대에 비하여 최소 250배나 맑다는 것을 나타내는 것이다. 숲의 공기 청정도 비교는 숲이 맑은 공기로 인하여 건강을 증진시켜 줄 수 있다는 또 다른 증거가 되기도 한다.

표1： 숲과 다른 생태환경의 공기 중에 함유된 먼지 알갱이 수(공기 청정도 2)

| 환경구분 | 공업지대 | 대도시 | 숲 |
|---|---|---|---|
| 공기 1리터 당 먼지의 수 | 500,000개 | 100,000개 | 500~2,000개 |
| 먼지 수 비교 | 250~1,000 배 | 50~200배 | 1 |
| 청정도 비교 | 1 | 50~200배 | 250~1,000배 |

자료: Mayer. H. 1984. Waldbau auf soziologisch-ökologischer Grundlage.

공기가 신선하다는 의미는 녹색식물의 광합성 작용과 관련을 맺고 있다. 상록 활엽수림 1ha는 공기 중 이산화탄소($CO_2$) 29±8톤을 흡수할 수 있고 신선한 공기($O_2$) 22±6톤을 방출하니 숲이 산소를 공급하는 데 지대한 공헌을 하고 있음을 알 수 있다. 숲은 다른 어느 환경보다도 청정한 공기가 살아 숨 쉬는 곳이다.

### 물과 음이온

본능적으로 인간은 물을 좋아한다. 물이 없는 공간은 왠지 허전하고 공허감을 느끼게 한다. 특히, 숲에서 물을 접하지 못하는 것은 메마른 숲에 지나지 않으므로 더욱 그러할 것이다. 숲속의 계류, 숲속의 옹달샘은 상상만 하여도 맑고 깨끗하고 시원한 느낌을 준다. 계곡에 흐르는 물이 맑고 시원한 것은 빗물이 숲 토양 속으로 침투되고 투수되어서 땅속에서 토양 알갱이들 사이를 흐르는 동안 걸러져 나오기 때문이다. 또한 깊은 땅속에서 흘러나오고 숲 속에 있기 때문에 수온도 낮아져 있어서 시원하다.

맑은 물과 울창한 숲은 최고의 건강장소(한산도의 소나무숲)

숲에는 또한 옹달샘, 약수터, 폭포, 물웅덩이, 계류 등 많은 수원들이 분포하고 있기 때문에 음이온이 풍부하다. 음이온은 인체 건강에 대단히 유용하여 숲을 찾는 매력을 한층 더 증진시켜 준다. 프랑스의 메타디에(Metadier)가 밝힌 바에 의하면, 자율신경을 진정시킨다든지, 불면증을 없애고, 신진대사를 촉진하며, 혈액을 정화하고, 세포의 기능을 강화하며, 얼굴색을 아름답게 한다. 인체에 필요한 기초 수량을 만족시키는 곳은 숲밖에 없다.

### 햇빛
숲속에서는 강렬한 태양빛을 부드럽게 만들어주고 자외선을 차단한다. 활동이 많은 계절, 특히 숲미역(산림욕) 등 숲속에서 활동이 많은 여름철에는 강한 햇빛과 자외선에 노출되기 쉬운 데 숲이 이러한 것을 적절하게 조절하는 역할을 한다. 또한 숲은 태양빛을 조화롭게 하여 숲을 구성하고 있는 다른 미세 경관요소들 사이의 명암, 채도 등으로 멋진 모습을 연출하기도 한다.

**표2 : 대기 중에 포함된 음이온의 양(입자의 수)**　　　　　　　　　　　　　단위: 개/cm²

| 환경 | 음이온의 양 | 숲과의 비교 |
|---|---|---|
| 도회지 실내 | 30~70 | 1 |
| 도회지 실외 | 80~150 | 1.1~5 |
| 교외 | 200~300 | 2.8~10.0 |
| 산야 | 700~800 | 10.0~26.7 |
| 숲 | 1,000~2,200 | 14.3~73.3 |
| 인체 수요량 | 700 | |

자료: 林文鎭. 1988. 森林浴的 世界

## 장소

숲은 맑고 신선한 공기, 깨끗하고 시원한 물, 부드러운 햇빛이 머무는 장소이다. 그러나 숲은 이들 세 개의 무생물적 요소의 작용으로 새와 다람쥐와 나비 등 온갖 생물들이 살아가는 생명의 공간으로 되었다. 이들 무생물적 생물적 구성요소들이 만들어가는 숲은 대단히 생명감 있고 회화적인 장소이다. 휴양과 요양과 심신의 치유를 필요로 하는 사람한테 이처럼 이상적인 장소는 없을 것이다.

## 필요요소

### 오감요소

숲속에 있는 여러 가지 구성요소들은 인간의 오감에 걸려져서 갖가지 감흥을 일으키게 된다. 아름다운 꽃, 신록, 단풍, 설경으로부터는 시각적 즐거움을, 각종 산열매와 산채로부터는 짜릿한 미각적 자극을, 꽃향기와 숲 속의 나무와 풀잎의 싱그러운 향기로부터는 후각적 도취를, 물소리, 새소리, 쇄락한 바람소리 등으로부터는 청각적 신선함을, 그리고 계곡의 맑은 물로부터는 알싸한 촉각적 흥분을 얻는다. 오감에 풍부하게 영향을 줄 수 있는 숲 환경은 인간의 다른 어떤 생활환경보다도 대단히 매력 있는 곳임에 틀림없다. 한 장소에서 계절을 달리하여 온갖 음색(音色)과 질감(質感)과 색조(色調)로 사람의 몸과 마음을 흥분시키고 즐겁게 하는 것이 있을까?

### 운동요소

숲속에서 운동은 다른 어느 환경보다도 이점이 많다. 공기의 질이 좋고, 경사가 다양한 자연지형이 많아서 보행만으로도 훌륭한 운동효과를 얻을 수 있다. 또한 나무와 숲, 지형, 기후가 어우러져 독특한 환경을 형성하고 있기 때문에 각각의 장점을 살린 운동요법들이 많이 개발되어 있다. 독일에서 시작한 산림지형요법, 산림기후요법 등이 그것이다. 청정한 숲공기를 호흡하면서 할 수 있는 숲미역(산림욕) 체조, 맨발로 걷기, 족압코스 등도 등장하고 있다.

### 약제요소

인간이 개발한 거의 모든 약품은 자연물로부터 추출한 것으로 만들어진 것이다. 세계 각국에 존재하는 많은 민간요법들도 식물을 활용하는 사례가 수없이 많다. 숲에는 나무가 아니더라도 각종 약초와 웰빙 식탁을 장식할 수 있는 식용나물들이 즐비하다.

### 테르펜과 피톤치드

테르펜(Terpene)은 식물체 안에서 생성되고 이소프렌($C_5H_8$)을 구성단위로 하는 물질로서, 정유와 수지의 대부분을 이루고 있다. 숲미역(산림욕)의 요체가 되고 있는 테르펜은 특별히 편백나무, 잣나무, 전나무 등 침엽수에 많이 들어있다. 산림에 들어가면 기분이 상쾌해지고 안정되는 것은 테르펜의 진정효과가 있기 때문이며 향긋하고 신선한 향기는 방향성이 있기 때문이다. 실제로 침엽수의 잎에서 정유를 추출하여 방향제를 만들기도 한다(숲속향기, 산도깨비 등).

모든 식물은 자기방어 시스템을 갖추고 있다. 예를 든다면, 외부로부터 자기를 해치려는 균(충)이 침입하려 할 때, 식물은 자기몸을 방어하기 위해서 독특한 물질을 내뿜는데, 레닌그라드 대학의 토킨 교수는 이것을 피톤치드(Phytoncide)라고 명명하고 이를 주제로 책을 발간하였다. 피톤치드라는 단어는 그리스어로 '식물'을 뜻하는 'phyto-'와 러시아어로 '죽이다, 살균하다'라는 의미인 'cide'가 합쳐진 합성어이다. 말하자면 피톤치드는 식물성 살균물질이다.

1930년대 이래로, 소련 및 일본 과학자들은 다음과 같은 사실을 잇달아 발견하였다. 산림식물의 잎, 줄기, 꽃 등은 피톤치드를 발산하는데, 공기 중의 세균·곰팡이를 죽이고, 해충·잡초 등이 나무를 침해하는 것을 방지한다. 휘발성 물질인 피톤치드는 또 병원균을 제어할 수 있는데, 그 예로 백일해병 병실 바닥에 전나무의 신선한 잎을 흩어 놓음으로써, 공기 중의 세균량을 1/10까지 감소시킬 수 있었다. 또 결핵균 혹은 대장균이 혼유된 물방울 옆에 상수리 나무의 신선한 이파리를 놓으니까, 몇 분 후 이 세균들은 곧바로 죽어버렸다(토킨, B.P.& 神山惠三, 1980).

### 산림욕과 숲미역(숲멱)

숲에 들어가서 물 대신 테르펜이 가득한 숲속공기를 쐬면서 건강을 증진하고자 하는 자연건강요법을 산림욕이라고 부른다. 이 말은 원래 일본인들이 사용하는 삼림욕(森林浴)이라는 단어를 언어 순화 없이 우리 식 한자어로 쓰는 것이다. 일본에서 '삼림욕'이라는 단어를 사용하게 된 것은 1982년 당시 임야청의 아키야마(秋山智英) 장관이 '전국 삼림욕 구상'(森林浴構想)을 발표한 것이 계기가 되었고 이것이 대만이나 우리나라에 전해져서 쓰이게 되었다. 영어로는 green shower(일본), 또는 forest aromatic bath로 표기하고 있다.

산림욕을 순 우리말로 옮겨서 사용하면 '숲미역'이다. 강가나 냇가에 가서 물로 몸을 씻고 머리를 감아 몸과 마음을 깨끗하게 하는 것을 미역 감

숲속공기를 이용한 호흡기 단련코스(독일)

는다고 한다. 따라서 숲에서 보건 의학적 효과가 있는 숲의 공기로 몸과 마음을 씻고 건강하게 하는 것을 '숲에서 미역 감는다'라고 해도 무리가 없으니 이를 '숲미역'이라고 순 우리말로 표기하는 것이 좋을 듯하다. 산림욕이라는 말 대신 '숲미역'이라고 해보자. '숲미역'은 준말로 '숲멱'이 된다. 이 말이 정착될 때까지 초기에는 '숲미역(산림욕)'이라고 표기해도 좋을 듯하다. 숲미역에 대해서 장기간 연구 경험이 있는 일본인 학자들에 의하면, 대체로 신체건강증진, 정신안정, 대자연과 소통, 두뇌활동 증진, 혈압강하 등의 효과가 있다고 소개하고 있다.

## 정신적 조건

전기한 여러 가지 생리적인 요소들로 인하여 사람들의 기분이 좋아지면
자연스럽게 몸과 마음이 진정되고 안정을 찾게 된다. 복잡하고 혼란스러
운 환경에서는 그러한 기분을 얻을 수 없다. 소음과 불협화음이 나오고,
먼지투성이 환경, 혼탁한 물이 흐르는 곳에서는 인간의 심신이 안정되지
못하며 정서적으로 불안해진다.

최근 임상 심리학자의 연구에 의하면 녹시율(綠視率)이 증가할수록 정서
증진효과가 높아지고 있음이 밝혀졌다. 이것은 사람들이 녹색의 나무와
숲을 보는 것만으로도 정서가 증진되고 정신적으로 안정을 찾을 수 있다

아늑한 숲길을 걸으면
몸과 마음이 진정되고 편안하다(낙엽송 숲길).

편백나무 숲길

는 사실을 말하고 있는 것이다. 최근 유행하고 있는 원예치료 분야에서도 식물을 직접 보고 다루는 일을 정신장애자들에게 체험하도록 하는 시험을 한 바 치유효과가 있는 것으로 보고되고 있다.

특히 테르펜류가 가진 진정효과는 숲에 들어갔을 때 심신이 진정되고 안정되는 것과 무관하지 않다. 또한, $\alpha$파는 심리적으로 안정한 상태에서 나오는 뇌파인데 특별히 녹색환경에서 이러한 특징이 나타나고 있어서 숲이 사람들의 정신을 안정시키는 효과가 있음을 반증하고 있다. 한편, 숲속에서는 동공면적이 숲밖에 있을 때보다 넓어진다. 동공면적이 넓어지는 것은 의학적으로 해석하면 두뇌활동이 빨라지는 것으로서 이것은 사색력과 판단력이 양호해지는 것과 무관하지 않다고 한다. 두뇌가 활발하게 활동하면 혈액 운반량이 많아지게 되고 뇌에 산소와 영양물질이 많이 운반되어 머리가 맑아지고 기분이 좋아지며 정신이 안정된다.

숲은 물리환경이면서도 같은 녹색의 물리 환경인 다른 장소와는 다르게 지각되고 기억된다. 숲은 인간의 심리와 정서를 자극하여 인간으로 하여금 그에 대하여 친근감과 친화력을 갖게 해줄 수 있지만, 때로는 그의 장엄한 스케일에 압도되어 위압감을 느끼게 할 수도 있다. 대문호와 예술적 거장들은 자연과 산림에 대하여 갖가지 수단과 방법으로 서술하여 찬미하고, 기보(記譜)하여 노래하고 연주하며, 스케치하여 그려내곤 하였다. 대문호나 예술적 거장이 아니라 해도 우리는 산림에 대하여 많은 '느낌'을 가지게 된다. 이것은 숲이 주는 정신적인 안정이 없다면 얻을 수 없는 것이다.

## 산림치유의 효과

침엽수의 잎에 함유된 테르펜을 여름과 겨울로 구분하여 보면 수종에 따라 약간의 차이가 있으나 여름철에 훨씬 많이 함유하고 있다. 발산 특성을 살펴보면, 테르펜은 수목 성장이 왕성한 봄철과 2차 성장기인 가을, 그리고 녹음이 짙은 여름철 기온이 높고 맑으며 바람이 불고 관계습도가 높은 날에 발산이 활발한 것으로 조사되었다. 따라서 테르펜의 발산량이 많은 시점을 택하여 산림치유활동(산림욕)을 하면 가장 좋은 효과를 얻을 수 있을 것이다.

국립산림과학원은 테르펜이 흰쥐의 스트레스 완화에 미치는 영향을 실험하였다. 평상시 흰쥐 혈청 속에 들어있는 스트레스 호르몬인 코르티졸의 농도를 측정한 후, 흰쥐에 스트레스를 주어 코르티졸 농도를 올린 다음 편백나무, 잣나무, 화백, 소나무에서 추출한 테르펜을 가스 상태로 쐬어 스트레스 변화를 측정하였다. 이 결과 코르티졸의 농도가 낮아졌는데 수종별로 관찰하면, 편백 53%, 잣나무 46%, 화백 32%, 소나무 19% 수준으로 감소되었다. 즉, 편백에서 발산되는 테르펜 물질이 스트레스 해소에 가장 효과가 있는 것으로 나타

났으며 이어서 잣나무, 화백, 소나무의 순이다. 숲이 발산하는 물질로 스트레스를 낮출 수 있다는 과학적 근거를 마련한 것이다.

실제로 최근에 '치유의 숲 조성' 연구진이 수행한 결과에 의하면, 숲은 안정 상태에서 많이 나오는 $\alpha$-파를 도시에서보다 많이 방출시키고, 최고혈압을 낮춰주며, 우울증을 개선하고 있음이 밝혀지고 있다.

### 산림치유 하는 방법
앞에서 기술한 것처럼 숲은 건강에 필요한 요소들을 지니고 있고 이들은 심신의 치유에 효과를 나타내고 있다는 사례를 소개하였다. 효과적인 치유활동의 하나로 숲미역(산림욕) 활동방법을 정리하여 본다.

### 목적의식
건강한 심신을 위해서는 목적의식이 있어야 한다. 숲을 주마간산(走馬看山)식으로 보고, 시멘트 도로를 걸으면서, 산림의 경치를 훑어보자마자 집으로 돌아가는 행태는 건강에 아무런 도움이 되지 않는다.

## 체류시간

반드시 충분한 시간을 가지고 숲에 들어가서, 산을 넘고 물을 건너거나 혹은 침사(沈思)하여 정신을 보양하면서, 매번 적어도 세 시간 정도의 여유를 가져 본다. 가장 좋은 것은 산장 혹은 통나무 집에서 하루 이틀 묵는 것이다.

## 시기

사계절 어느 때든지 모두 가능하겠으나, 봄~여름(초가을)의 오전(해 뜰 무렵, 11~12시), 겨울이라면 화창한 햇빛이 비출 때가 가장 적합하다.

## 복장

공기가 잘 통하는 면직물 옷을 입고, 땀 흡수가 잘 되는 면양말과 미끄럽지 않은 운동화를 신고, 챙이 있는 모자를 쓰고, 등에는 배낭을 메고, 양손에는 아무 것도 들지 않는 것이 좋다.

## 노선/운동량

자기 자신이나 가족의 체력에 적합한 노선을 선택한다. 운동량은 피로감을 조금 느낄 수 있도록 하는 것이 효과가 가장 크다.

## 보행, 복식호흡

걸음걸이를 빠르게 하되 가끔씩 쉬어 줘야 하는데, 나무를 향해서 심호흡을 하여, 숲속공기(테르펜, 피톤치드)를 흡수하는 빈도를 증가시킨다. 만약 '기체조', '태극권'을 할 줄 안다면, 산림에서 한번 정도 해보는 것도 좋다. '숲미역'에 한국 전통무예, 중국 무예를 가미하면, 배(倍)의 효과를 얻을 수 있을 것이라고 믿는다. 호흡은 복식호흡을 하도록 한다.

평상시 심장으로부터 혈액방출은 4~5L/분 정도인데, 숲에서 보행하면 10L/분 정도로 증가한다. 산소섭취는 평상시 300mL/분인데, 보행할 때에는 700~800mL/분로 증가한다. 숲속에는 신선한 산소가 많으니 보행은 치유에 많은 도움을 주게 된다.

### ● 심장 박동수와 산소 흡수량 ●

보행전 정태시(靜態時)의 심박수는 70회 정도이고, 매 분마다 산소 섭취량이 약 0.3리터이다. 그러나 산림보행시의 심박수는 120까지 증가한다. 즉, 산소섭취량이 0.9리터 가량 된다. 하물며 산림 내의 산소가 가장 신선하고 각종 테르펜류와 충분한 「음이온」을 함유하고 있으니 효과가 크다는 것은 가히 짐작할 만하다. 이런 이유로 중년이나 고령자인 경우의 이상적인 유산소 운동은 심박수가 100~140 범위에서 하는 것이 알맞다. 매일 20~40분 정도, 매주 3일 이상 해야 한다. 예를 들어 숲에서 다소 빠른 걸음으로 걷거나, 혹은 '숲미역 체조'를 하는 것도, 모두 유산소 운동의 목적에 부합되는 것이라 하겠다.

### 맨발걷기

발바닥에는 온몸의 신경조직이 모여 있어서 발마사지를 하면 전신 건강에 큰 효과를 얻을 수 있다. 솔잎이 쌓인 숲속 오솔길을 맨발로 걸을 때 발바닥에 닿는 촉감만으로도 산책에 최고의 기쁨을 맛볼 수 있게 한다. 시냇가를 지날 때는 맨 발로 땅을 밟는 것이 좋다. 수심이 얕은 곳에서 '각보욕(脚步浴, 맨발로 얕은 물을 걸어감)'을 하고, 앉아서 물보라로 음이온을 향유한다.

### 관찰과 발견

산림에 진입하여 자연현상을 탐색한다. 예를 들면, 산의 경치와 들새를 관상(觀賞)하고, 산림을 탐색하여 식물, 들꽃을 알아둔다. 동물 곤충 세계를 관찰하고 수목의 과실을 주워서 살펴보며, 식물도감을 참고하여 해설 자료를 자세히 읽어봄으로써 체험해본다. 새로운 세계를 접하게 될 것이다.

숲미역 체조

### 음악듣기(그린뮤직)

숲에서 들을 수 있는 물소리, 새소리, 바람소리, 곤충의 저작소리 등 자연의 소리를 듣고, 그린음악으로 작곡된 곡을 선곡하여 듣는다. 나무줄기에 귀를 기울여 안테나처럼 뻗어 있는 나뭇가지 끝으로부터 전해 오는 우주의 소리를 들어보기도 한다.

### 휴식

나무 사이에 설치된 해먹이나 일광욕용 와상의자에 누워 정적인 휴식을 취하도록 한다. 휴식에 좋은 숲은 계층과 직업에 따라서 임상을 달리 하는 것이 좋다.

### 체조

체조는 몸의 유연성을 좋게 하는 효과를 가지고 있지만, 다른 한편으로 호흡량을 증가시키고 사지를 신장시키는 효과도 있어서 치유에 많은 도움을 준다.

숲미역 체조에는 세 가지 운동요소가 있는데 신장(Stretching), 단련(Power up), 산소운동(Aerobics)이 그것이다. 이를 S.P.A 건강 운동이라고도 한다. 여기에는 14단계의 운동이 있으며 세 가지의 예비운동(Stretching), 여덟 가지의 증진운동(Power up), 세 가지의 완화운동(Aerobics)으로 구성되어 있다.

숲미역 체조는 각 단계별로 체조에 대한 숙련도와 연령에 따라서 동작과 횟수를 적당하게 조절하면서 한다. 음이온과 테르펜이 살아 숨 쉬는 맑은 숲의 공기 속에서 팔과 다리를 신장시키고 심호흡하면서 각자의 몸에 알맞게 체조를 반복하면 숲미역의 효과는 증진될 것이다.

### 온천

숲속 활동과 병행하여 가까운 곳에서 온천욕을 곁들이면 치유효과를 더욱 증진시킨다.

산림치유에 좋은 숲으로 대체로 다음과 같은 장소를 추천한다;

- 나무가 작고 조밀하지 않은 숲보다 정유물질이 많고 깊고 나무가 많은 곳이 좋다.
- 밝은 숲보다 어두운 숲이 좋고, 밀도가 높으면, 상대적으로 지엽량이 많아 테르펜 발산에 유리하다.
- 임상이 다양한 숲이 단조로운 숲보다 좋다.

- 단순한 지형으로 되어 있는 곳에 있는 숲보다 평지와 경사지가 섞인 곳이 유리하다. 예를 들면, 다양한 경관, 소택지, 물웅덩이, 변화가 다양한 곳, 동식물 등 종다양성이 높은 곳 등.
- 물(연못, 소택지, 웅덩이, 폭포 등)은 호흡기능을 높이고 정신을 안정시키는 데에 상승효과가 있다.
- 일사량이 많고 고온인 곳이 피톤치드가 많은 곳인데 남쪽 사면의 숲이 좋다.

치유 활동하기에 가장 적합한 곳은 산림이 지닌 보건의학적인 기능이 가장 잘 발휘되는 곳이다. 테르펜이 많이 발산되는 곳, 음이온이 많은 곳이 핵심지역일 것이다. 그런 곳은 침엽수림과 음이온이 많은 계곡과 폭포 주변이다.

전국에서 가장 많이 오는
자연휴양림 중의 하나인
청태산 자연휴양림(잔디광장)

# 원예치료

## 원예치료의 정의와 적용범위

원예치료(Horticultural Therapy)는 식물 또는 식물에 관련이 있는 여러 활동(원예, 정원 가꾸기)을 통하여 신체, 마음, 정신의 향상을 촉진하는 동시에 단련하는 것이다. 이것은 치유와 재활에 있어서 전문적으로 시행될 수 있는 수단으로서 식물재배와 정원활동을 이용하는 것이다.

원예치료는 대체로 미국에서 먼저 현대화시켰는데, 정신질환자를 대상으로 1879년경부터 평가하여 왔다. 본격적으로는 1,2차 대전 중, 장애 군인들의 재활에 이용하기 시작하면서부터라고 한다. 1950년에는 미국 미시간 주립대학에 원예치료사 강좌가 개설되면서 제도가 확립되었고 이후 사회 각 기관에서 활발하게 진행되어 왔다.

식물 또는 원예활동을 매개로 하는 원예치료의 적용 범위는 본질적으로 장애나 장애의 상태를 개선하고 장애인이 환경에 적응하며 사회복귀를 촉진시키기 위한, 즉, 치료나 재활의 유효한 수단으로서 활용한다. 그러나 이처럼 치료목적 뿐만 아니라 부수적으로 직업훈련의 형태로서 취업기회를 얻을 수도 있게 하며, 원예치료의 결과 장애인으로 하여금 사회참여를 촉진하고 삶의 질적 향상을 도모하기 위한 수단으로서도 활용할 수 있다.

원예치료의 주 대상자는 1차적으로는 신체적 장애인으로 보는 시각이 강하다. 하지만, 장애의 의미를 신체적 장애뿐만 아니라, 정신적 사회적으로 정상적인 상태에 놓여 있지 않은 사람에게까지 범위를 확대한다면, 고령자, 빈곤자, 스트레스에 시달리고 있는 사람, 신경 및 정신질환자(치매, 우울증 등) 등으로 대상범위가 넓어진다.

## 원예치료의 방법과 효과

원예치료를 시행하려면 기본적으로 3요소를 갖추고 있어야 하는데 치료사, 치료 프로그램, 대상자가 그것이다. 치료사란 원예치료에 대한 전문적인 교육을 받은 사람으로서 원예치료 프로그램을 대상자에게 적용하여 진행하는 사람이다. 원예치료 프로그램은 원예치료의 목적을 달성하기 위해 대상자에게 원예활동을 체계적으로 참여시켜 진행하기 위해 만든 프로그램을 말한다.

원예치료의 방법은 일반적으로 능동적인 방법과 수동적인 방법으로 구분한다. 능동적인 방법이란 원예활동에 대상자가 능동적으로 참여하는 방법을 말한다. 예를 들면 경운경작, 뿌리고 심기(파종 식재), 물주기(관수), 풀뽑기(제초작업), 생산 활동(수확)을 하며 정원을 관리하는 등의 활동으로 참여하는 것이다. 수확의 결과물(꽃, 잎, 열매 등)을 활용하여 꽃꽂이를 할 수도 있고 포푸리를 만들며, 요리를 할 수도 있다. 수동적 방법이란 이러한 활동에 직접 참여하지는 않지만 시각, 청각, 후각, 촉각, 미각 등 오감을 통해서 과정 과정을 지각함으로써 참여하는 것을 말한다.

이렇듯 능동적인 방법이든 수동적인 방법으로 진행하든 간에 원예치료 프로그램의 내용에 따라서 향기를 이용하는 방법이면 향기요법(Aroma Therapy), 꽃을 이용하면 꽃요법(Flower Therapy) 등으로 부른다. 또한 원예치료에 적용할 수 있는 활동으로는 대체로 식물 번식시키기, 허브 가꾸기, 채소 및 과수 가꾸기, 난(蘭) 기르기, 화훼 장식하기 등이 있다. 빈번하게 진행하는 장소는 주된 대상자가 많이 모여 있는 병원, 양로원, 장애인 수용시설, 교도시설(교도소, 소년원 등) 등이다. 물론 일반인을 대상으로 할 때에는 학교나 수목원 식물원 등을 택하여 진행한다.

원예치료 활동을 통해서 얻을 수 있는 효과는 넓은 의미로는 재활, 치료, 복지 등으로 설명하지만, 좁게는 건강증진, 다이어트와 체중조절, 스트레스 경감 및 감정의 완화, 사회적 연대감의 형성 등으로 말하기도 한다.

### 우리나라의 현황

우리나라에서는 1980년대 원예요법, 원예치료이라는 이름으로 알려지기 시작하였다. 초창기에는 주로 원예학 관련 분야에서 활동이 이뤄졌는데 차츰 다양한 관련 분야에서 동참하였고 현재는 의학, 간호학, 교육학, 상담학, 작업치료학, 사회복지학 등 다학제 간에 활발하게 활동이 진행되고 있는 상황이다. 이로 인하여 활동이 진행되는 장소도 재활병원, 요양원, 직업훈련장, 식물원, 교정기관, 정신병동, 학교, 지역사회 등에서 널리 확산되어 있다. 연구 활동은 이론연구를 벗어나 근거 중심의 연구가 강조되어 실험연구를 많이 하게 되었는데, 정신분열, 우울, 정신지체, 치매, 다문화가정, 결손가정, 조손가정, 신체 장애인들을 대상으로 진행하며 일반인도 참여시키고 있다.

원예치료사 양성을 살펴보면, 1999년 제1차 원예치료사 교육을 시작하였고, 2001년에 한국원예치료법인이 설립되어 제1회 원예치료사를 배출하였다. 2007년에는 한국원예치료복지협회로 명칭을 변경하고 같은 해에 제1회 원예복지사를 배출하게 되었다.

최근의 활동경향을 보면 교육을 접목시킨 원예활동 및 원예치료 프로그램 개발, 조손가정과 세대 간 연대감을 강화하기 위한 원예치료프로그램 개발, 원예치료와 복지와 관련한 인력양성 및 프로그램 개발과 보급하여 다양한 효과들이 검증되고 있다.

## 숲해설

6.25 전쟁이 끝난 직후 우리 산림은 임목축적인 7㎥/ha로 완전한 민둥산으로 황폐되었었다. 그러나 1970년대와 1980년대에 이뤄진 대대적인 조림사업으로 2009년 현재 임목축적이 109㎥/ha로 늘어나서 전국 어디를 가나 울창한 숲을 볼 수 있다. 이렇듯 울창한 숲에 와서 편히 쉴 수 있도록 1989년부터 개장한 자연휴양림은 국민들에게 가장 매력적인 공간의 하나로 자리매김하고 있다. 개장 초기에 4만여 명에 불과하던 이용객이 2009년에는 800만 명으로 200배에 달하는 폭증세를 보이고 있다.

숲해설가의 활동사례(풀잎공예)

숲해설은 산림을 찾아오는 탐방객들에게 숲에 대한 올바른 이해와 정서함양, 건강증진을 위해서 서비스하는 것이다. 숲해설은 1998년 IMF 사태로 실직한 사람들에게 일자리 창출의 하나로 진행된 국민대학교의 자연환경안내자 과정이 시초이다. 이후 숲해설에 대한 요구가 증가하여 민간단체에서 숲해설가를 양성하여 오다가 2005년 제정된 <산림문화 · 휴양에관한법률>에 따라서 제도권에서 숲해설가를 양성하기 시작하였다. 이 법에 의하면 숲해설교육은 법에 명시된 숲해설 교육 프로그램을 인증받은 기관에서만 진행할 수 있도록 되어 있고, 산림청은 이 교육을 받은 숲해설가를 국립 자연휴양림, 수목원, 식물원 등지에 고용하여 필요한 비용을 지원할 수 있도록 되어 있다.

2009년에 개정된 관련법에 의하면 숲해설가 교육은 아래와 같이 숲해설가 초급과정과 고급과정으로 구분되어 진행되고 있다. 향후 유아 숲생태 지도과정(일명 숲유치원과정)과 산림치유지도과정(일명 숲치유사과정)을 위해 정책적으로 많이 지원하게 될 것으로 기대되고 있다.

표3 : 숲해설가 과정별 교육 내용(개정/2010.9.18일 발효)

| 과정별 | | 교육내용 | | 시간 | 비고 |
|---|---|---|---|---|---|
| 초급(140시간 이상) | 필수과정 | | | 100 | |
| | 산림환경교육론 | 산림환경(조성,경영,이용) | | 15 | |
| | | 숲해설개론 | | | |
| | | 환경교육론(환경윤리) | | | |
| | | 산림과 인간(문화) | | | |
| | 산림과 생태계 | 목본 및 초본 | | 40 | 실습 및 현장학습 포함 |
| | | 야생동물 | | | |
| | | 조류 | | | |
| | | 곤충 | | | |
| | 커뮤니케이션 | 인간 관계학 | | 15 | 실습 및 현장학습 포함 |
| | | 커뮤니케이션 기법 | | | |
| | | 산림환경교육교수학습방법 | | | |
| | 교육프로그램 개발 및 운영실습 | 주제해설 프로그램개발 및 교육프로그램운영 방법에 관한 실습 | | 20 | 인증 프로그램 실습 포함 |
| | 안전교육 및 안전관리 | 응급처치 | | 10 | |
| | | 야외활동지도 | | | |
| | 선택과정 | | | 40 | |
| | 산림토양, 지구환경(기후변화, 에너지 등) | | | 40 | 실습 및 현장학습 포함 |
| | 파충류, 양서류, 수서생태계 | | | | |
| | 숲유치원 등 산림교육 프로그램 | | | | |
| | 산림치유, 숲태교, 생태공예, 자연놀이 등 체험프로그램 | | | | |
| 고급 | 유아 숲생태지도과정 | | | 70 | |
| | 생명학 | | | 5 | |
| | 유아숲생태교육학 | | | 10 | |
| | 유아숲생태교육 프로그램 기획 및 개발 | | | 15 | 실습 및 현장학습 포함 |
| | 유아숲생태 교육 프로그램 이해 및 실습 | | | 40 | |
| | 산림치유지도 과정 | | | 150 | |
| | 산림치유인자 및 기능 | | | 10 | |
| | 산림치유 대상의 이해 | | | 10 | |
| | 치유 평가도구의 이해 및 활용 | | | 20 | 실습 및 현장학습 포함 |
| | 산림치유 요법의 응용 | | | 30 | |
| | 산림의학 | | | 30 | |
| | 산림치유 프로그램 기획 및 개발 | | | 20 | 실습 및 현장학습 포함 |
| | 산림치유 프로그램 실습 및 시연 | | | 30 | |

# 에코관광

## 관광의 새로운 지평

관광(觀光)은 문자 그대로 해석하면 풍광(風光)을 구경하는 것으로 이해할 수 있다. 어원은 동양에서는 중국 주나라 시대 역경(易經)에 나오는 '관국지광(觀國之光)'에 유래되었다고 한다. 즉, 나라의 빛(光)을 보는 것을 말하는데, '光'은 자전을 찾아보니, 빛, 경치, 위엄, 영광 등의 의미를 함께 지니고 있다. 여기서 주목하고 싶은 것은 경치라는 단어이다. 한 나라의 아름답게 빛나는 영광과 위엄을 나타내는 것을 보기도 하지만 아름다운 경치를 보는 것을 함께 포함하고 있다는 의미로 받아들여야 하겠다.

경치는 풍광이고 곧 자연의 빛이다. 그래서 관광에서 빼놓을 수 없는 것이 그 지방의 자연이고 산수경관이다. 원래 관광은 문화자원으로서 도시에 있는 문화재, 유적지, 옛 문명의 흔적들을 주대상으로 삼았다. 하지만 산수풍경을 보지 못하고 도시로만 관광을 다닌다면 답답하고 무미건조할 것이다.

생태관광 안내를 받고 있는 사람들(대관령 자연휴양림)

그래서 나타난 것이 생태관광, 그린투어리즘, 녹색관광, 농촌관광 등의 새로운 관광의 형태들이다. 여기에 걸맞게 과거의 '보는' 관광에서 '스스로 체험하는' 관광으로 변하여 관광행위가 적극적인 방향으로 흘러가고 있다. 그래서 생태관광, 그린투어리즘, 녹색관광, 농촌관광 등의 명칭은 생태체험관광, 녹색체험관광, 농촌체험관광 등으로 빠르게 변해가고 있는 추세이다. 이처럼 녹색으로 채색된 새로운 관광 형태는 각종 녹색환경과 녹색자원을 대상으로 '체험'의 내용을 담고 있다. 녹색에 해당하는 것은 곧 자연으로서 자연자원을 대상으로 현대의 관광이 새롭게 지평을 열어 전개되고 있는 것이다.

## 관광과 산림

환경문제로 맑고 깨끗한 청정한 자연환경에 대해서 관심을 갖게 되면서, 관광은 보는 것 중심의 소극적 행태에서 참여하고 체험하는 적극적인 행태로 변화하여 왔다. 이 과정에서 참여와 체험의 중심무대는 자연환경이었으며, 여기에서 생태관광(Eco-tour)이 자연스레 탄생하게 된 것으로 보인다. 이것과 함께 나타난 새로운 삶의 개념이 웰빙(wellbeing)이다. 청정한 환경을 필요로 하는 생태관광과 웰빙의 무대에서 자연풍경을 제외하면 무의미하다.

사실은 관광자원 속에는 본디부터 문화자원과 자연자원(자연풍경)이 함께 포함되어 있었다. 그러나 자연풍경은 보는(seeing) 대상으로서의 자원이었을 뿐이지, 오늘날처럼 관광 행위의 하나로서 참여나 체험, 지식습득의 대상이 되지는 않았다. 환경오염으로 인하여 청정 환경에 대한 요구와 웰빙이라는 새로운 삶의 방식이 등장하면서 그것이 또한 관광이라는 세계와 어우러져서 관광은 이제 과거에 다소 문화자산에 얽매여 있던 '핑크색 관광'에서 '맑고 푸른' 청정 자연자원의 세계로 시야를 확대하게 되었다.

생태 체험하는 웰빙가족

산림은 수많은 자연 관광자원 중에서도 관광객이 쉽게 접근할 수 있는 가장 넓은 곳일 뿐만 아니라, 사시사철 변화무쌍한 아름다운 풍경과 정취로 언제라도 사람들의 오감을 유혹할 수 있는 매력을 가지고 있는 자원이다. 여기에 청정한 환경이라는 장점에다가 무궁무진한 체험과 교양을 넓힐 수 있는 잠재력을 지닌 곳이다. 또한 나무와 숲이 전하는 신화와 전설과 동화는 사람으로 하여금 아득한 신비의 세계로 빠질 수 있게 해줄 수도 있다. 또한 문명을 이끈 산림이 전하는 무수한 문화적 연결고리들을 찾아볼 수 있으니 분명 매력 있는 관광자원이 아닐 수 없다. 그러나 관광해설사가 나무와 숲이 주는 풍경으로서의 감각적인 매력과, 나무와 숲에 깃든 문화적 연결고리에 대한 선험적 지식이 없다면 관광객을 사로잡는 해설을 기대하기 어려울 것이다.

산림 분야에서 생태관광의 핵심은 아마도 휴양과 숲치유, 경관감상이 중심될 것이다. 경관이 수려한 숲에서 산림치유활동에 '직접 참여(체험)' 함으로써 가장 깨끗한 환경에서 숲해설, 경관감상과 건강을 함께 누릴 수 있으니 관광의 효과가 더욱 증진될 것으로 본다.

인류는 의식주에 필요한 거의 모든 것을 숲으로부터 얻어 생활하여 왔다. 산림이 인간에게 주는 혜택은 실로 다양하고 무궁무진하다. 목재나 임산물 같은 물질적인 혜택뿐만 아니라 심리적 안정과 즐거움, 휴양문화적 활동 등 정신적인 혜택 등 우리 생활 전반에 많은 혜택을 주고 있다. 숲이 제공하는 이와 같은 기능을 공익적 기능이라고 하는데, 산림청은 1987년부터 산림의 공익적인 가치를 평가하여 왔다. 2008년에 평가된 결과에 의하면, 우리나라 산림은 총 73조2천억 원으로 계산되었는데 이것은 국민총생산액의 7.1%에 해당하며 국민 1인당 약 151만 원의 혜택을 받는 것이라고 한다. 이 중에서 휴양기능은 16%로 평가되었는데 휴양적인 기능은 인간의 건강과 관련된 것으로서 국민 개개인에게 가장 직접적으로 관심 있는 가치라고 말할 수 있겠다.

무병장수는 세기를 초월하여 전 인류가 지닌 공통관심사이다. 이런 관점에서 볼 때, 산림이 지닌 공익적 가치 중 휴양적 가치야말로 가장 중요한 것으로 여겨지고 있다. 숲 탐방객의 폭증, 웰빙과 건강에 대한 관심, 맑고 깨끗한 환경에 대한 인간적인 요구로 볼 때, 숲에서의 휴양활동, 치유활동, 생태체험, 생태관광은 향후 대단히 각광받는 분야로 주목받고 있다. 이 글은 이러한 점을 염두에 두고 정리한 것으로써, 관심 분야의 사람들에게 도움을 줄 수 있기를 기대한다.

# 7. 윤리적 생산과 소비로
# 지구와 사람에게 이로운 **공정무역**

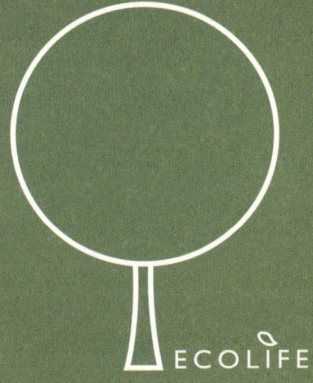

**박창순**

한국공정무역연합 대표

한국교육방송공사(EBS)에서 27년 동안 프로듀서로
TV 프로그램 제작, 방송본부장직을 마치고 2005년 퇴직하였다.
2006년 공정무역을 소재로 한 다큐멘터리 2부작 〈아름다운 거래〉를 제작 방영을 계기로
한국공정무역연합을 설립하고 공정무역 가게 '울림'을 운영하면서
한국사회에 공정무역을 올바르게 알리고 실천하기 위해 노력하고 있다. 2009년 말
〈공정무역, 세상을 바꾸는 아름다운 거래〉를 공동 저자로 책을 출간하였다.

ullimft@fairtradekorea.net

# 커피와 초콜릿

전 세계인이 즐겨 마시고 먹는 커피와 초콜릿. 향기로운 커피 한 잔과 달콤한 초콜릿 바 한 개에 수많은 얘기가 담겨 있다. 적도 주변 더운 나라에서 재배되는 커피는 1,000년도 더 전에 에티오피아 고산지대에서 유래한 것으로 추정된다. 커피는 세계무역에서 석유 다음으로 교역량이 많은 상품이며, 2,500만여 명이 커피 농사에 종사하고 약 1억 명이 커피로 생계를 의지하고 있다.

초콜릿의 주원료인 카카오는 3,000년 전 중앙아메리카에서 문명을 일으킨 올맥족이 유카탄 반도에서 재배를 시작해서 마야 문명을 거쳐 아스텍족들이 음료로 마셨다고 알려져 있다. 1519년 아스텍을 침략한 스페인 정복자들이 카카오를 스페인으로 가져온 이후 카카오 음료는 전 유럽으로 퍼져 나갔으며 초콜릿으로 만들어졌다.

제국주의 시대 강대국은 자국의 영토를 넓히고 자원과 노동력을 확보하기 위해 경쟁적으로 약소국을 침략하여 식민지배화 했다. 침략자들은 지배지의 밀림을 훼손하고 대형 농장을 만들어 원주민들에게 노역을 시키고, 아프리카인들을 노예로 부려 자국에서는 재배되지 않는 커피와 카카오 같은 농작물을 값싸게 확보할 수 있었다. 오늘날 풍요를 누리는 북반구 나라들과 빈곤에서 헤어나지 못하는 남반구 나라들로 경제 구조가 굳어진 배경은 제국주의 시대 지배와 피지배라는 역사성과 무관하지 않다.

우리가 마시는 커피 한 잔 값은 커피점마다 또는 커피 종류에 따라 다르지만, 5,000원을 낸다면 커피를 생산하는 농부들에게는 얼마가 돌아갈까? 이 역시 조사하고 발표한 곳마다 차이가 있지만, 일반적으로 5% 정도가 농부에게 돌아간다고 한다. 나머지는 다국적기업이 대부분인 가공 판매업자와 중간 상인들의 몫이다.

카카오를 재배하는 소규모 농부들은 가구당 연 평균 수입이 30~110달러 정도이며, 이 돈으로 먹고 살기도 어려워 아이들은 학교에 보내지 못하고 카카오 농장으로 내보낸다.

아프리카 가나의 카카오농장에서 일하는 소년

카카오도 비슷하다. 유럽 공정무역협회에 따르면, 카카오를 생산하는 농부가 5%의 수익을 얻는다면 무역 조직 및 초콜릿 제조 회사가 70%의 수익을 가진다고 한다. 초콜릿 생산에서 농부가 5센트를 받는다면 기업은 그 14배인 70센트의 이익을 본다는 의미이다. 캐나다 세이브더칠드런의 보고서에 의하면, 1,000원에 판매되는 초콜릿은 카카오 농민에게 20원이 돌아간다고 한다.

서아프리카의 경제는 카카오 산업에 의존하고 있다. 세계 카카오 생산량 43%로 1위인 코트디부아르는 세입의 40%, 그리고 2위인 가나는 33%를 차지하고 있다. 국제적도농업기구(IITA)에 의하면, 코트디브아르, 가나, 나이지리아, 카메룬의 카카오 농장에서 약 284,000명의 9살에서 12살 사이의 어린이들이, 아침 6시부터 저녁 6시 반까지 필요한 보호 장비 없이 농약과 살충제를 뿌리고, 마체테라는 긴 칼을 가지고 카카오 열매를 따는 위험한 작업을 하고 있다. 이 어린이들이 400개 정도의 카카오 포드를 따야 1파운드의 초콜릿을 만들 수 있다고 한다. 카카오를 재배하는 소규모 농부들은 가구당 연 평균 수입이 30~110달러 정도이며, 이 돈으로는 먹고 살기도 어려워 아이들을 학교에 보내지 못하고 카카오 농장으로 내보낸다.

카카오 농장의 노예 상태에서 벗어난 '알리 디아베이트(Aly Diabate)'가 2001년 인터뷰한 내용을 보면, 그는 초콜릿의 원료가 되는 수많은 코코아를 생산했지만, 초콜릿은 맛보지도 못했고, 정작 그는 초콜릿이 무엇인지 알지도 못했다고 한다.

마땅한 생계수단이 없는 농부들은 카카오 농사에 매달리고, 카카오 농장의 확대에 따라 카카오가 과잉 생산되면서 값이 폭락하여 농부들은 생산비도 건지지 못하고 빚을 지게 되며, 그 빚이 쌓여 빈곤의 악순환이 계속 되는 것이다. 또한 수확한 카카오는 중간 상인에게 헐값에 팔아 넘겨야 하는 구조적인 문제가 있는 것이다. 이러한 배경에는 싼값에 원료를 사다가 많은 이익을 남기는 다국적 초콜릿 기업이 있다. 보다 근본 원인은 제국주의 경제의 뿌리로 자본이 자본을 낳는 약육강식의 자유무역에 기인한다.

이렇게 커피나 코코아를 둘러싼 불공정한 무역구조를 해소하는 방법으로 공정무역(Fair Trade)이 있다. 공정무역은 공정무역 체계에서 일하는 생산자들에게 공정한 가격을 지불하는 데 일차적 목적이 있으나 단순한 경제적 상호작용의 의미를 넘어 공정한 가격 그 이상의 가치가 있다.

커피 생산은 기후나 병충해에 영향을 많이 받는다. 커피 가격은 농부들과는 무관하게 뉴욕 선물 시장에서 정해지고 변동이 극심하다. 아라비카 생두 1파운드(약 0.45kg으로 우리가 마시는 커피 45잔 정도의 양) 가격이 1977년 218센트, 1990년 64센트, 1997년 320센트, 2001년 45센트, 2006년 89센트, 2008년 164센트로 폭락과 폭등이 반복된다. 가격 변동성은 커피 농부들의 삶을 어렵게 만든다. 2,500만 커피 농부들 가운데 70%가 소농들로, 커피 가격이 폭락하면 빚을 지고 빈곤에 처하게 된다. 1990년 커피 값이 폭락하여 1,000만 명의 농부들이 헐벗고 굶주리게 됐다.

가나에 있는 카카오 농장

농장에서 일하는 노동자들이
카카오포드를 들고 있다.

카카오포드에서 빈 꺼내기

카카오농장에서
카카오빈을 건조하는 모습

공정무역을 통한 이익은 아프리카 생산자들에게
깨끗한 물을 제공할 수 있는 펌프설치가 가능하게 하여
지역사회의 건강복지를 향상시켰다.

그래서 공정무역 운동가들이 남미와 아프리카 같은 커피 산지로 들어가, 농부들이 조합을 만들도록 지원하고 교육과 훈련 기회를 제공하여 품질 향상에 힘써, 북반구 나라에서 공정한 가격으로 판매하였다. 공정한 가격 이란 국제 커피가격이 폭락하여도 1파운드에 125센트 이상의 최저가격과 10센트의 사회적 프리미엄을 지불한다. 물론 이 가격은 최저 가격이고 국제 시장 가격이 오르면 오른 만큼 상향 조정된다. 따라서 농부들은 안정된 생산 활동과 가족의 생계를 유지할 뿐만 아니라 미래의 계획까지도 세울 수 있게 되었다. 그리고 사회적 프리미엄은 조합 구성원의 결정에 따라 상수도 시설이나 의료시설 또는 학교를 짓는 등 지역사회의 기반 시설을 갖추고 공동체에 필요한 데 사용한다.

아프리카 공정무역 생산자 연합의 대표인 레이몬드 키마로(Raymond Kimaro)는 말했다. "저는 아프리카의 생산자 대표입니다. 판매량의 증가는 우리 조직원들에게 정말 기분 좋은 소식입니다. '프리미엄'은 우리들에게 새로운 학교를 지을 수 있게 해주었고, 깨끗한 물을 제공해주고 지역사회를 위해 건강복지를 향상시켰습니다. 그러나 더 많이 필요합니다. 가난은 여전히 아프리카의 생산자들에게 가장 힘든 도전으로 남아있습니다. 몇몇의 집단은 여전히 그들이 생산하는 물량의 아주 적은 퍼센트만을 공정무역에 팔고 있습니다. 이런 생산자들이 더 많은 이익을 얻기 위해 공정무역 시장을 확대시키는 것은 꼭 필요합니다."

# 공정무역의 목적

 공정무역은 개발도상국의 가난한 사람들이 무역을 통해 극심한 빈곤을 개선하는 것, 소농들과 농장 노동자들이 사회적 자본을 확장시키는 수단으로서 무역을 활용할 수 있도록 역량을 강화하는 것, 그리고 세계무역의 개선과 정의를 위한 폭넓은 캠페인을 지지하는 것이다. 특히 공정무역은 이러한 목적을 달성하기 위해 자선이나 구호를 바라지 않고 시장이 추구하는 상업적 모델을 이용한다. 그리고 소비자들의 시장 접근성을 착취가 아닌 생산자들에게 유리한 조건에서 창출하는 것이다. 이러한 접근법은 궁극적으로 생산자들이 의존성을 탈피하여 생계를 위한 경제적 자립을 이루고 지역사회를 개발할 수 있도록 역량을 강화하는 것이다. 또한 공정무역은 모든 이해관계자에게 경제적 이익을 보다 공평하게 배분하는 혁신적인 공급체계를 통해 생산과 소비를 연결하는 '생산자/소비자' 관계의 새로운 모델이다.

# 공정무역의 원칙

### 생산자들과 직접 거래

공정무역 수입업자들은 글로벌 공급체계에서 생산자들이 브로커나 중간상인들에게 착취당하지 않도록, 가능한 한 생산자 단체로부터 상품을 직접 구매해야 한다. 그리고 생산자들의 시장접근성을 높이고 가격 변동으로부터 손해보지 않도록 시장 가격 정보를 제공한다.

### 장기적 무역 관계

공정무역 제품 수입업자들이 장기 계약을 체결하는 것은 생산자들에게 수입을 안정화하고 정보의 실패를 보완하기 위한 또 다른 방법 중 하나다. 가격을 고정함으로써 농부들은 선물 시장과 비슷한 방식으로 수입을 예상할 수 있는 장점이 있다.

### 최저 가격

FLO가 인증한 공정무역 상품에 대한 기준은 모든 생산자들은 시장 가격이 얼마나 낮아지든 상관없이 최저 가격 이상을 받아야 한다고 요구한다. 시장 가격이 공정무역 최저 가격 이상으로 올라가면 공정무역의 최저 가격도 시장 가격을 따라 올라간다. 공정무역 최저 가격은 생산 비용 및 생활비용을 충당하도록 하기 위해 고안되었다.

### 사회적 초과 이익

공정무역의 사회적 초과 이익은 품목에 따라 다르나 물건 값의 10% 내외로 협동조합이나 농장 노동자 조직의 사회적 개발 프로젝트에 쓰여야 한다. FLO는 사회적 초과 이익이 조합 구성원의 민주적 의사결정에 따라 공동체를 위한 개발 프로젝트에 쓰였는지를 검증한다.

이 밖에도 민주적 조직, 투명한 운영, 경쟁이 아닌 협력 관계, 생산자의 요구 시 선 지불, 인체에 유해한 농약 사용금지, 환경을 고려한 지속가능한 생산, 성 차별 및 노동 착취 없는 생산 과정 등을 지켜야 한다.

# 공정무역 발생 배경

## 불공정한 세계무역 구조

1948년 관세와 무역에 관한 일반협정(GATT)과 1986~1995년 우루과이 라운드의 다자간 협상 그리고 1995년 출범한 세계무역기구(WTO)는 국가 간 무역규제 완화를 촉진하고 자유무역을 확산시켰다. 자유무역의 확산으로 글로벌 비즈니스 산업이 발달하였으며, 다국적 기업은 전 세계시장에서 더 값싼 원자재와 노동력을 이용하여 이윤을 극대화하였다. 그 결과 소수가 많은 이익을 보고 다수는 이익을 보지 못하게 됐다. 경제 선진국은 더욱 부를 쌓고 개발도상국은 점점 더 빈곤하게 되는 불평등이 심화되었다.

2000년 총 무역규모는 1950년대의 22배로 늘어났다. 1990년 말 전 세계 총생산에서 전 세계 인구 중 가장 가난한 20%는 1%를 창출, 가장 부유한 20%는 86%를 창출하였다. 이처럼 현재의 무역구조는 경제 선진국은 더욱 풍요롭게 개발도상국은 점점 더 빈곤하게 만들어버리는 문제점을 안고 있다. 생산자와 소비자가 동등한 입장에서 거래하기보다는 선진국 혹은 수입자에게 일방적으로 유리한 방식으로 협상이 이루어져 개발도상국의 원료와 상품 그리고 노동력까지 헐값에 팔리는 등 불공정한 요소가 많다.

불공정한 거래와 수입자 중심의 경제 방식은 결국 무역의 이익이 생산자, 수입자, 유통자, 소비자에게 골고루 배분되지 못하도록 하며, 이는 꾸준히 증가하고 있는 전 세계 무역량에도 불구하고 개발도상국의 농민과 노동자들이 계속 빈곤할 수밖에 없도록 악순환을 일으키고 있는 것이다. 이와 같이 불공정한 세계무역 시스템을 더 공정하게 하려는 일은 공정무역 운동의 중요한 과제다.

## 국제 농산물 가격 폭락

1980년대 초 시장 지향 정책들이 나오면서 설탕·면화·카카오·커피와 같은 개발도상국의 주요 수출농산품의 가격은 30~60% 떨어졌다. 50% 이상이 1차 농업에 종사하고 있는 농민들은 농산품 가격이 계속 낮아져도 다른 돈 벌이가 없이 농산물을 더 많이 생산하게 되어 가격을 더 낮추게 된다.

또한 선진국에서는 자국의 농민들에 보조금을 지원한 후 잉여 농산물은 세계시장에서 매우 낮은 가격으로 처리해 버린다. 미국의 면화 농장은 연 평균 미화 14만 4천 달러, 즉 매일 약 4백 달러를 정부로부터 지원받고 있다. 면화가 국가수출의 80%를 차지하는 서아프리카의 베냉(Benin)의 1인당 GDP는 연 380달러이다. 전 세계 2천만 명의 면화 생산자 중 오직 3만 명만이 미국에 있다. 미국 면화 농부들은 많은 액수의 정부 보조금을 받아 생산한 면화를 세계시장에 판매한다. 그들은 개발도상국 면화 값을 떨어뜨리고 농부들의 수입을 낮추는 역할을 하고 있다. 부국들은 수만 명의 가난한 사람들이 받게 되는 영향에는 상관하지 않고 자국의 이익만을 보호하고 있다.

### 개발 원조의 한계

국제기구인 유엔개발계획(UNDP), 세계은행(IBRD), 국제통화기금(IMF) 등이 가난한 나라를 돕겠다고 나선 개발 프로젝트들이 대부분 실패로 끝난데 대해, 전통적인 원조와 개발 방식에 회의를 품고 그 대안으로 공정무역이 주목을 받게 되었다.

원조가 정치적, 정략적, 경제적으로 결정되고, 원조 공여국과 수원국 간의 불평등한 관계가 형성되며, 원조에 의존성 높아진다. 원조의 혜택이 고르지 않으며, 개발원조의 책임을 지지 않고, 인권침해, 환경파괴 등 기업 활동 폐해를 규제하지 못하고 있는 것 등이 그 한계다.

## 공정무역의 역사

공정무역은 선진국과 개발도상국 간의 불공정한 무역으로 발생하는 구조적인 빈곤문제를 해결해 나가려는 국제적인 움직임으로 60여 년의 역사를 가지고 있다. 1946년 미국의 시민단체 텐사우젠드빌리지에서 푸에르토리코의 바느질 제품을 구매하고, 1950년대 후반 영국의 옥스팜 상점에서 중국 피난민들의 수공예품을 팔면서 시작되었다.

1960년대 비정부 조직(NGO)인 영국의 옥스팜(Oxfam), 네덜란드의 오가니사티에(Organisatie) 등이 시민운동의 일환으로 공정무역 조직과 단체를 만들어 아시아, 아프리카, 남아메리카의 빈곤한 나라에 들어가 풀뿌리 운동을 전개하였다.

1988년 막스하벨라르(Max Hvelaar, www.maxhavelaar.nl)라는 공정무역 커피 회사가 네덜란드에 세워져서 이 회사 라벨 커피가 2~3%의 시장 점유율을 가질 정도로 성공하였다.

1990년 유럽 9개 나라 11개 공정무역 단체의 연합으로 단체끼리 정보와 네트워킹, 생산지 공동 개발 등 협력을 하기 위해 유럽공정무역연합 EFTA(www.eftafairtrade.org)가 설립되었다.

1989년 발족한 세계공정무역기구 WFTO(www.wfto.com)는 70개국에서 300여 단체가 가입돼 있는 회원 조직으로 제3세계의 가난한 생산자와 그 가족들 700만여 명이 공정무역의 혜택을 보고 있다. WFTO의 주요 업무는 마켓 개발, 모니터링, 권익 활동 등 세 가지로 요약할 수 있다. WFTO에서 정한 공정무역 기준 10가지를 준수하는 단체에 FTO마크를 부여한다.

공정무역을 통해 더 나은 수입을 얻게 되면서, 빈곤국가의 부모들은 아이들을 생업에 뛰어들게 하는 대신, 학교에 보내 교육을 받을 수 있게 되었다.

1994년 유럽 공정무역 가게 협회 NEWS! (http://www.worldshops.org)
가 설립되어 유럽의 15개국에서 대략 3,000개의 가게가 가입하고 있다.

1997년 공정무역 제품의 표준, 규격설정, 생산자 단체지원, 검열 등의 일을 하기 위해 국제공정무역 인증기구 FLO (www.fairtrade.net)가 발족되었으며, 2002년 공정무역 마크 제도를 시행하였다. 이 인증 마크는 개발도상국의 가난한 생산자들이 안정된 생활을 할 수 있는 최저가격제와 지역사회 개발을 위한 사회적 초과 이익이 포함되었음을 증명한다.

## 공정 무역 생산국과 생산자들

공정무역 상품을 생산하는 나라들은 아프리카, 중남미, 아시아의 빈곤국으로 국가 총생산은 평균 미화 300달러 내외이며, 하루 1달러 미만으로 생활하는 절대빈곤인구수가 많다. 이 나라들의 경제는 농업과 같은 1차 산업에 의존하고 있으며, 제국주의 시대에 구미 열강으로부터 식민 지배를 받은 아픈 경험을 가지고 있다. 공정무역 생산자들은 자국에서도 소수집단에 속한다. 시장에서 소외되고 경제적 혜택을 받지 못한 소농이나 수공예업자 그리고 노동자들이다. 이들은 마을이나 지역 공동체 단위로 조직되어 있고, 협동조합이나 협회에 속해 있기도 하고 대농장에서 노동을 한다. 농부들은 커피, 차, 카카오, 설탕, 쌀, 꿀, 잼, 양념류, 아몬드와 같은 견과류, 바나나와 오렌지 등 열대 과일, 면화 등과 수공예품은 개발도상국 모든 나라에서 생산하고 있으나, 식품은 주로 아프리카 대륙, 중남미에서, 수공예품은 아시아 대륙에서 더 많이 생산하고 있다.

### 가나의 쿠아파코쿠 농민조합

가나의 쿠아파코쿠 농민조합은 마을 단위의 연합체로 가나의 27개 지역에서 1,200개 소규모의 마을 단위 공동체에서 45,000여 명의 조합원이 가입돼 있다. 또한 농민조합 아래에는 카카오를 단위 조합에서 구매하여 외부로 판매하는 쿠아파코쿠 유한회사, 사회적 초과 이윤으로 조합원과 마을을 지원하는 농민재단, 조합원들에게 필요한 자금을 대출해주는 신용조합을 자체 운영하고 있다.

농민들은 자체적으로 구성한 마을 단위 생산 공동체에 자신들이 생산한 카카오를 팔게 되어 저울 눈속임을 당할 일이 없어졌으며, 판매 대금도 현금으로 받을 수 있게 되었다. 그리고 공정무역으로 더 나은 가격을 받고 사회적 초과 이윤으로 마을에 우물도 설치되고 학교가 세워지는 등 자신들의 생활이 나아지고 마을이 발전하고 변화하는 모습을 보게 된다.

가나 쿠아파코쿠 농민조합은 농민들은 자체적으로 구성한 마을 단위 생산 공동체에 자신들이 생산한 카카오를 팔게 되어 저울 눈속임을 당할 일이 없어졌으며, 판매 대금도 현금으로 받을 수 있게 되었다.

7. 윤리적 생산과 소비로 지구와 사람에게 이로운 공정무역  **97**

지방어인 트위어로 '좋은 코코아 농부'를 의미하는 쿠아파코쿠는 '최고 중의 최고'라는 뜻의 '파파파(pa pa paa)'를 모토로 내세웠다. 양질의 카카오를 생산하여 공정무역 초콜릿 회사에 판매하면서 시장을 넓혀 나갔다. 그리고 1998년 영국에서 설립된 디바인 초콜릿 회사의 주주로 참여하였으며, 그 후 최대 주주가 되었다. 쿠아파코쿠의 농부들은 디바인 초콜릿 회사로부터 배당금을 받는다. 공정무역 업계에서는 처음 있는 일로 카카오 생산자인 농민이 곧 초콜릿 회사의 주인이기도 한 셈이다.

## 방글라데시의 타나파라 스왈로우스

1971년 파키스탄 독립전쟁에서 타나파라 마을의 성인남성 200명이 목숨을 잃은 사건이 발생했다. 전쟁으로 남편을 잃고 홀로된 여성들을 지원하기 위해 스웨덴의 NGO에 의해 스왈로우스가 설립되었다. 스왈로우스에서는 217명의 직원이 봉제팀과 자수팀에서 일하고 있으며, 그 중 98퍼센트가 여성이고 이밖에 장애가 있는 남자 몇 명이 함께 일하고 있다. 교육도 받지 못하고 농사지을 땅도 없는 여성들이 스왈로우스에서 30년 이상 일을 하면서 두 명의 자녀를 대학 교육까지 시켰다. 스왈로우스에서는 여성에게 일할 기회를 제공할 뿐 아니라 가난한 가정의 어린이 600명 이상이 무료로 교육을 받는 초등학교를 운영하고, 가정폭력 등으로 고통 받는 여성에 대한 법적 지원도 하고 있다. '가장 고통 받고 있는 사람들을 먼저 섬김으로써 고통뿐 아니라 그 원인을 제거할 수 있다.'라는 스왈로우스의 정신을 공정무역을 통해 잘 실천하고 있다.

## 인도 뭄바이 빈민촌 여성들의 삶을 바꾼 이자벨 수녀

스페인 태생의 이자벨 수녀는 인도 빈민가 여성들의 불우한 운명에 헌신하기 위해 1984년 크리에이티브 핸드크라프트라는 단체를 만들어 20년 넘게 이곳 여성들과 함께 생활하고 있다.

크리에이티브 핸드크라프트는 빈민촌 여러 곳에 여성자립센터를 만들어 주류 사회로부터 소외된 빈민들, 신분이 낮은 천민들, 소수 원주민들, 종교적 비주류인 무슬림 교도와 같이 사회적 약자이고 가난하고 기술 없는 여성들에게 기술교육을 받게 하고 일할 수 있는 기회를 주고 있다. 이곳에서 일하는 여성들은 대개 남편이 없거나 있어도 알코올 중독자, 병자, 실직자들이어서 본인이 직접 가족들을 부양해야 한다. 그런 여성들이 만든 옷, 인형, 자수제품 등은 스페인을 비롯하여 유럽 여러 나라의 공정무역 단체를 통해 팔려 나간다. 이 여성들은 공정무역으로 정당한 대가를 받아 가족을 부양하고 자녀들을 학교에 보낼 수 있게 되었다.

작은 체구의 이방인 수녀 한 사람의 숭고한 뜻과 그 실천으로 인도의 수많은 불우한 여성들의 삶이 바뀌었다. 이곳 여성들에게 공정무역은 절망적인 삶을 희망으로 바꾸는 씨앗이다.

인도 크리에이티브 원주민 여성자립센터의 여성들은 지역의 핸드크래프드 제품들을 공정무역을 통한 정당한 대가를 받아 가족을 부양하고 자녀들을 학교에 보낼 수 있게 되었다.

크리에이티브 핸드크라프트라는 단체에서 운영하는 보육원

인도 뭄바이 빈민촌 여성들의 삶을 바꾼 이자벨 수녀. 스페인 태생의 이자벨 수녀는 인도 뭄바이의 빈민가 여성들의 불우한 운명에 헌신하기 위해 1984년 크리에이티브 핸드크라프트라는 단체를 만들어 빈민촌 여성들의 삶을 바꿔주었다.

## 필리핀 네그로스 대안무역 그룹

필리핀 네그로스 섬은 1565년 스페인의 지배를 받은 후 섬 전체가 광대한 사탕수수 대농장으로 변하고 설탕제조 공장이 들어서 구미 선진국에 설탕을 공급하였다. 그러다 1970년대 이후 관세무역일반협정(GATT)의 영향으로 국제농산물 가격 폭락과 함께 설탕 값도 폭락하였다. 자본가들은 공장 문을 닫고 해외로 떠났다. 노동자들은 일자리를 잃고 기아와 질병으로 고통 받고 있을 때, 일본 시민단체가 나서서 공정무역 회사 설립과 농부들을 지원하였다. 농부들은 유기농 설탕과 바나나를 재배하여 일본의 생활협동조합 유통망을 통해 판매하여 안정된 생활을 하게 되었다.

공정무역을 통해 거래되는 네팔의 천연염색 제품의 염색과정

네팔 베짜기

이 외에도 네팔의 종이로 옷을 만드는 영와우크라프트, 소외된 여성들의
일터 마누시, 일자리를 만들어 자립을 돕는 마하구티, 우산살로 나무 조
각을 하는 싯디 만 공예가, 인도의 유기농 목화를 생산하는 아그로셀 농
부 조합, 수공예 생산자들을 지원하는 아사핸드크라프트, 전통적인 직조
와 염색을 되살리는 카트리 부족의 블록 프린팅, 파키스탄의 축구공 생
산 공장, 스리랑카의 차와 양념류를 생산하는 바이오 푸드 등 수많은 생
산 현장이 있다.

우산살로 나무 조각

나무 조각하는 싯디 만

인도 목화농부

인도 블록페인팅

공정무역은 유럽의 여러 나라, 미국과 캐나다, 호주와
뉴질랜드, 일본 등에서 활발하게 이루어지고 있다.
공정무역 상품 전문판매점인 네덜란드 월드숍의 외부 모습

## 공정무역 시장

공정무역은 유럽의 여러 나라, 미국과 캐나다, 호주와 뉴질랜드, 일본 등에서 활발하게 이루어지고
있다. 공정무역 수입업체는 2007년 말 기준으로 유럽 지역에 254개, 북미와 환태평양지역에 215
개가 있다. 이들 나라에서 공정무역 상품 전문판매점인 월드숍이 4,000여 개, 11만2,500여 개의
슈퍼마켓에서 판매되고 있다. 판매액도 2004년 8억 유로, 2005년 11억 유로, 2006년 16억 유로,
2007년 23억8000 유로 등 해마다 급증하고 있다.

2007년 공정무역의 가장 큰 시장인 영국과 미국의 판매 규모는 각각 72%, 46% 증가했다. 스웨덴과 노르웨이는 각각 166%, 110%의 성장률로 공정무역 시장에서 가장 빠르게 성장하고 있다. 세계에서 1인당 지출이 제일 많은 곳은 스위스로 1인당 평균 3만 원 정도를 지출하였다. 전 세계적으로 공정무역운동이 활발히 전개되고 공정무역 시장이 커지는 만큼 개발도상 국가의 가난한 농민과 노동자들이 빈곤에서 벗어나 인간다운 삶을 유지할 수 있다는 것을 말한다.

공정무역 상품 전문판매점인 네덜란드인 월드숍의 내부모습. 월드숍은 유럽 및 북미 지역에 4000여 개가 있다.

# 공정무역의 혜택

## 농부와 생산자

공정무역은 농부 조합을 통해 소규모의 가난한 농부들은 경제적 안정성과 독립성, 나아가 더 나은 삶을 제공받게 된다. 공정무역은 농부들에게 공정한 가격을 제공하는 것을 넘어서 필요한 사회적 인프라를 구축하게 한다.

## 소비자

원칙과 가치에 따라 소비할 수 있는 기회, 무역 불평등을 해결할 수 있는 권한, 안전한 식품 및 자연 친화적 상품을 구매할 수 있다.

## 환경

공정무역은 친환경적이고 지속가능한 경작과 생산 활동을 가치 있게 여기고 권장한다. 비료, 살충제를 비롯하여 어떠한 종류의 오염물질도 사용하지 않는 유기농 재배법 권장, 자연 생태계를 보전한다.

## 여자와 어린이들

공정무역은 학교에 가지 못하고 생업에 뛰어들어야 하는 시골 지역의 여자들과 아이들에게 매우 긍정적인 효과를 가져온다. 공정무역 기준은 아이들의 노동력과 강제적인 노동력은 활용하지 못하게 하고 있다. 사람들이 공정무역을 통해 더 나은 수입을 얻게 되면서, 부모들은 아이들을 생업에 뛰어들게 하는 대신에 학교에 보낼 수 있다.

공정무역을 통해 교육의 기회를 얻게 된 인도의 학생들. 공정무역은 학교에 가지 못하고 생업에 뛰어들어야 하는 시골 지역의 여자들과 아이들에게 매우 긍정적인 효과를 가져온다.

# 의식 있는 소비자

물건을 사는 행위는 투표하는 것과 같다. 선거할 때 투표를 잘 해서 국민의 뜻을 받들고 봉사하는 훌륭한 정치인을 뽑아야 나라가 평온하고 국민들도 행복하게 살 수 있듯이, 필요한 물건을 살 때 윤리적으로 생산, 유통, 판매되는 상품을 구매하고 소비해야 더불어 사는 세상이 된다. 물건 한두 개를 사는 소비자 개개인의 힘은 보잘 것 없을지 몰라도 그런 소비자들이 뜻을 모으면 큰 기업을 망하게도 흥하게도 할 수 있는 엄청난 힘을 발휘할 수 있다. 이윤 극대화를 위해 수단 방법을 가리지 않고 노동 착취와 환경 파괴를 일삼는 비윤리적인 기업의 제품은 이미지 광고에 현혹되거나, 품질이 좋고 값이 저렴하다고 해서 사지 말아야 한다.

과거의 소비자에게는 제품의 실용성과 낮은 가격이 절대적인 구매 기준이었다. 이러한 가치 중심적 요구는 탐욕적인 소비자에게서 두드러졌는데, 그들은 좀 더 저렴하게 물건을 구입하려고 하거나 가지고 있는 돈으로 더 많은 것을 사려고 한다. 기업은 소비자에게 더 값싼 제품을 공급하기 위해 환경 보호에 대한 규제와 노동법이 엄격하지 않은 저임금 국가로 공장을 옮기고 천연자원을 무분별하게 사용하면서 제품 가격을 낮춘다.

오늘날 의식 있는 소비자는 물건을 살 때 제품의 질과 가격이 제일의 선택 기준이 아니라 제품의 생산 과정과 공급 체계는 물론 기업의 사회적, 환경적 책임에 관심을 갖고 있다. 이러한 소비자 의식 변화는 공정무역도 소비자 운동의 주류로 떠오르게 하였으며, 이제 구미 선진국에서 대다수 소비자들이 공정무역 제품은 개발도상국의 생산자들에게 더 나은 조건을 제공한다고 알고 있어 공정무역 제품에 대한 수요가 급격히 늘어나고 있다.

공정무역 수입업체는 2007년 말 기준으로 유럽 지역에 254개, 북미와 환태평양지역에 215개가 있으며, 전 세계적으로 11만 2500여 개의 슈퍼마켓에서 공정무역 상품들이 판매되고 있다.

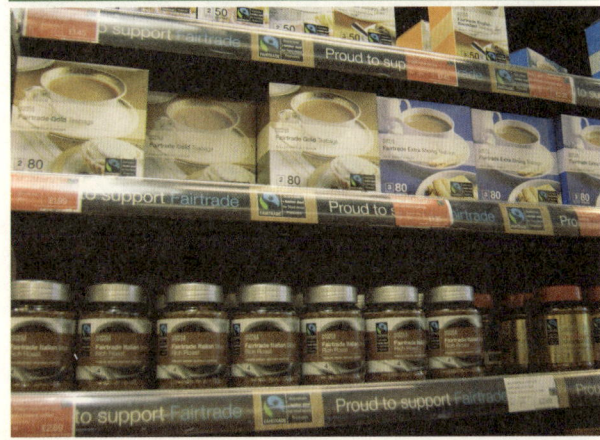

스위스월드숍 클라로

대형 마트 '테스코'의 공정무역 코너

우리가 일상적으로 먹는 음식, 입는 옷, 쓰는 물건들은 어디서 누가 어떻게 만들었으며 어떤 경로로 오는 것일까? 대부분의 경우에 우리는 우리가 소비하고 있는 상품이 어떤 조건 하에서 만들어지고 유통되는지, 인권 침해의 환경 파괴는 없었는지 따져보아야 한다. 현명하고 의식 있는 소비자는 자신에게 주어진 권리를 행사한다.

소비자의 권리를 잘 행사함으로써 우리가 살고 있는 이 세상을 보다 윤리적이고 지속가능하도록 만들어갈 수 있다. 지속가능한 개발은 환경·사회·경제적 요소를 통합하는 것이고, 개발이란 다음 세대가 살아가는 데 필요한 자원들을 훼손시키지 않으면서, 현재의 필요를 충족시키는 것이다.

공정무역은 가격결정 과정에서 생산자를 첫째로 생각합니다. 이는 생산자의 사회적·경제적·환경적 가치가 가격에 포함되어야 한다는 뜻입니다. 이것은 보통의 가격결정 체계와는 완전히 다릅니다. 소비자들이 제품을 사는 것은 투표와도 같습니다. 소비자들은 자신의 소비 태도에 따라 가까운 세상 혹은 먼 미래가 결정될 수 있음을 알아야 합니다. 소비자들은 보통 이를 충분히 인지하지 못하죠. 나는 공정무역이란 소비자들이 소비만 하는 것이 아니라, 새롭고 더 공정한 사회를 만들어가는 것이라고 생각합니다.

멕시코 우리시(UCIRI) 조합<br>
프란스 판 데어 호프 Frans van der Hoff

공정무역은 공정한 관계를 위한 중요한 수단입니다. 우리가 사고 쓰는 물건이 어디서 어떻게 만들어졌는지 생각해야 합니다. 생산자들이 공정한 대우를 받도록 하는 일은 우리 모두가 향상시켜야 할 인간적인 가치입니다. 무역은 이윤추구 이상의 상호 공정한 관계 속에서 이루어지는 교환이어야 하고, 우리는 무역을 통해 인간관계에서 어떻게 공정할 수 있는가를 배울 수 있어야 합니다. 나는 공정무역이 세상을, 한국을 더 나은 나라로 만들어줄 것이라고 믿습니다.

국제공정무역연합(WFTO) 회장<br>
폴 마이어스 Paul Myers

공정무역은 자신이 일한 만큼 정당한 대가를 받는 권리를 갖는 것이죠. 중간에서 누군가가 남의 성과를 가로채가지 못하게 하는 것입니다. 생산자가 정당한 몫을 받을 수 있는 거래방식, 즉 공정무역의 시장을 찾고 넓혀나가야 합니다. 이것이 바로 빈곤문제에 우리가 대처하는 세계적인 방법입니다.

방글라데시 그라민은행 총재<br>
무함마드 유누스 Muhammad Yunus

(사)한국공정무역연합
www.fairtradekorea.net
www.fairtradekorea.com
http://cafe.naver.com/fairtradekorea

카카오를 말리는 소년

카카오칼을 어깨에 얹고 있는 소년

코트디브아르의 카카오기계에 발을 잃은 14세 소년

# 8. 한국의 **에코, 핸드메이드** 까페

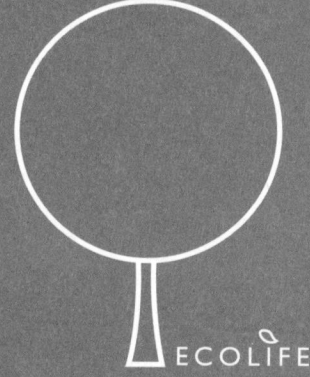

**ECOLIFE**

**오병돈**
프리랜서, 여행 · 사진 작가

aliceofellis@nate.com

초록색 별모양의 스타벅스로 대표되는 커피 문화는 불황에도 아랑곳하지 않고 매일 새로운 카페가 속속들이 자리 잡고 있다. 최근, 길을 걷다보면 건물 하나 건너 하나에는 커피를 파는 카페들이 입점해 있다. 커피로 대표되는 음료를 파는 카페는 집도, 회사도 아니면서 여유롭고 편안하게 시간을 즐길 수 있는 '제3의 장소, 새로운 놀이터'의 개념이 됐다.

창가 좌석에 혼자 앉아 책을 읽는 여학생, 친구들과 삼삼오오 무리지어 즐겁게 이야기하는 사람들, 노트북을 이용해 업무를 보고 있는 아저씨, 외국인 친구와 영어로 이야기하는 대학생 등, 카페는 단순히 음료를 마시는 장소가 아니라 문화를 소비하는 장소, 즉 우리 사회의 문화적 코드이다. 또한, 카페를 이용하는 사람들도 나이대도 상당히 다양해졌다. 사람들은 행복을 위해 기꺼이 지갑을 열고, 이러한 행동은 소비와 연결되고 있다. 특히, '감성', '행복', '만족' 등과 같은 추상적인 개념들이 우리 사회의 화두로 자리 잡고 있으며, 우리 생활에서 이와 관련된 소비문화들이 확산되고 있다.

카페는 더 이상 음악과 분위기를 즐기며 차 한 잔을 마시는 특정목적의 특정 계층을 위한 장소가 아닌 남녀노소 누구나에게 열려진 장소가 되었다. 그렇다보니 단순 커피와 음료만을 파는 것이 아닌, 다양한 사람들에게 편하게 쉴 수 있기도 하고, 많은 볼거리를 주기도 하고, 때로는 내가 하고 싶은 취미생활도 같이 할 수 있는 다양한 콘셉트의 카페들이 속속들이 생겨나고 있다. 이러한 사회적 분위기를 충족시키기 위해 많은 카페 중에서도 요즘 인기인 곳은 친환경을 콘셉트로 하는 '에코카페'이다.

'에코카페'라고 하면 공정무역을 통한 유기농커피를 팔거나, 유기농으로 재배한 식재료를 사용한 음식을 파는 곳이 떠오른다. 하지만, 요즘은 '에코'의 의미가 확장되어 단지 유기농, 공정무역의 개념을 넘어 단순 재활용이 아닌 재활용을 통한 멋스러운 공간을 연출한 카페, 손으로 직접 만든 핸드메이드 제품을 팔거나 수업을 하고, 그러한 것들로 장식한 카페, 친환경마감재로 카페 인테리어를 표현한 카페, 조용히 혼자 앉아 책을 읽고 사색할 수 있는 북카페 등 환경과 같이 사는 삶을 생각하는 카페로 그 의미의 폭이 매우 넓어졌다.

올레스퀘어의 카페공간은 식물로 연출한 버티컬월이 설치되어 있다.

# 도심 한 복판에서 즐기는 자연, 올레스퀘어

광화문 복합문화공간 올레스퀘어(Olleh Square)는 도심 빌딩 내부에 자연의 숲을 옮겨다 놓은 콘셉트로 서울시민과 방문자들에게 오감 만족의 문화공간을 제공하고 있다. 공간에 다양한 친환경적인 요소의 도입뿐만 아니라 '천원의 나눔'이라는 문화예술을 활동을 통해 1,000원으로 다양한 문화행사를 경험 할 수 있게 해주어, 나눔을 통한 같이 사는 삶을 실천하는 공간이다. 내외부의 구조는 자연과 사람이 어우러질 수 있는 개방형으로 만들어 도심 속 자연을 고스란히 이곳으로 담아왔다. 특히, 커피를 파는 공간 벽을 장식하고 있는 대형 버티컬월(vertical wall)은 답답한 도시 한 가운데 숲속에 온 것 같은 상쾌함을 선사해주는 오감만족의 공간이다.

올레스퀘어의 외부 공간

실내정원으로 연출된 공간 내부

자연과 기술(IT)의 접목을 통한
미래적 공간을 연출하였다.

공간 내부는 일상에 지친 고객들이 식물들에 둘러싸여 편안히 휴식을 취할 수 있도록 실내정원으로 연출되어 있고, 이들과 함께 조화를 이루는 그린 IT의 모습을 만날 수 있다. 허브 향 가득한 공간에는 실제로 비를 맞는 듯한 디지털 레인이 보이고, 손동작을 인식해 영상이 작동되는 IR 센서 등의 설치로 상반되는 느낌의 자연과 기술의 융합을 보여주는 공간이다.

벽면 한 편은 친환경 소재로 제작된 에코 프로덕트를 전시하여 이용객들에게 다양한 친환경 관련 상품을 소개시켜주고 있으며, 직접 만져보고 구매할 수 있도록 하였다.

에코 관련 상품을 파는 진열대

다양한 에코상품을 직접 보고 구매 할 수 있다.

# 하나뿐인 나만의 스타일을 만들 수 있는 곳, 스탐티쉬

스탐티쉬(StammThish)란 독일어로 '자주 모이는 단골 모임' 이라는 의미이다. 부암동의 위치한 스탐티쉬는 그 이름과는 잘 어울리게 처음 방문객들도 낯설지 않고 단골인 것처럼 모든 것이 매우 편안한 카페이다. 스탐티쉬는 핸드메이드 까페로 매우 유명하다. 최근 몇 년 사이 불기 시작한 핸드메이드(Handmade) 열풍은 재활용 소재 등 다양한 소재를 사용하여 세상에 하나뿐인 나만의 제품을 만들어 쓰려는 여성들에게 인기를 끌고 있다. 핸드메이드는 천천히 정성을 다하는 삶을 실천하는 작업으로 한 땀 한 땀 정성 들여 만든 물건들이 주는 의미는 공장의 기계 작업으로 대량으로 찍어내는 제품과는 다른 '정' 이상의 의미이다.

쉽게 사는 기성품은 빠르고 편리하긴 하지만 내 것이라는 마음이 잘 생기지 않아 쉽고 빨리 버리게 되고, 반복되는 그 과정에서 우리는 점점 더 빠른 도시의 삶을 당연히 받아들이고 점점 환경을 오염시키는 주범 중의 하나가 되어 가고 있다. 직접 핸드메이드 작품들을 만들고 가까이한다면 조금 천천히 사는 방법을 배워, 환경과 몸을 생각하는 소비 생활을 하도록 도와 줄 수 있지 않을까 싶다.

카페가 아니라 집 거실 같은 포근함을 주는 인테리어로 인해, 커피 한 잔의 여유가 더욱 갖고 싶어진다.

자주 모이는 단골 모임' 이라는 의미처럼 편안한 분위기의 카페 내부

아늑하고 포근한 분위기의 패브릭 카페 스탐티쉬에서는 패브릭을 활용한 예쁜 소품들을 팔고 있다. 판매와 더불어 패브릭 소품 만들기 수업도 진행하고 있다. 스탐티쉬에서 파는 소품들은 대부분 재활용되는 소재를 사용해서 만든다고 한다.

벽 한 편에는 패브릭을 활용한 소품을 만들기 위한 도구와 소재가 정리되어 있다.

이곳에서 만든 소품들은 대부분이 재활용 소재를 사용하여 만들어졌다.

스탐티시는 차를 마시는 공간이 아닌 나만의 작업실과 같은 편안한 공간을 연출하고 있다.

# 카페 안에 있는 농장, 에코카페

주말농장, 베란다 텃밭 가꾸기 등 최근 직접 유기농으로 채소를 재배해서 먹는 것이 유행이다. 가끔은 나만의 텃밭에서 기른 무공해 채소를 가지고 맛있는 음식을 해먹고 싶을 때가 있다. 하지만 일상에 지친 우리들에게는 어쩌면 TV 저 너머의 이야기가 아닐까 싶을 때 한번쯤 찾아가면 좋을 것 같은 카페가 바로 에코카페(Eco cafe)이다.

에코카페 내부
사진제공: (주)인성테크 www.koreacityfarm.com

eco cafe
Citi farm

커피 & 샐러드

식물공장으로 연출한 에코카페

에코카페는 문을 열자마자 다가오는 향긋한 냄새가 카페에 들어온다는
느낌이 아닌 시골 어느 밭에 들어가는 느낌을 준다. 에코카페는 식물공
장이라는 시스템을 이용하여 카페 안에 상추를 직접 키워 카페의 메뉴에
직접 사용한다. 식물공장에서 재배한 상추로 비빔밥, 샌드위치, 샐러드
등의 에코메뉴를 팔고 있다. 식물공장에서 직접 재배한 채소를 이용한
메뉴 이외에도 각종 허브차와 공정무역을 통해 공급된 커피 등도 함께
판매되고 있다. 에코카페를 찾는 사람들은 유기농 음식을 먹으러 오는

사람들보다는 식물공장을 구경하러 나들이 나온 사람들이 대부분이라고
한다. 도시의 그것도 건물 내부에서 공장시스템을 통해 식물을 기르고
수확할 수 있다는 것 자체가 도시민들에게는 놀라울 뿐이다. 가끔 지친
일상 속에서 어린 시절 할머니의 집에 앞마당이 문득 떠오를 때, 이곳을
찾는 다면 눈, 코, 입 모두가 행복해져서 돌아올 수 있을 것이다.

에코카페에서 파는 음식은
카페 내 식물공장에서
재배한 채소를 식재료로
사용하여 만든다.
(주)인성테크
www.koreacityfarm.com
제공

flat.274 카페, 작업실, 갤러리 아트숍 등으로 이루어졌다.

## 갤러리와 까페가 하나인 복합예술 공간,<br>부암동 flat.274

서울에서 느리게 걷기가 가장 어울리는 동네는 아마도 부암동일 것이다. 골목골목을 천천히 누비며 조용하게 시간을 녹일 수 있는 동네이다. 부암동의 고즈넉함을 즐기며 걷다보면 만나게 되는 카페 flat.274. 어쩌면 카페라기보다는 복합문화공간이라는 단어가 flat.274에 대한 정확한 표현인 것 같다. 카페, 작업실, 갤러리 등 다양한 기능이 하나의 공간에서 녹아지는 것이 flat.274의 매력이다. 이곳은 일러스트레이션 작가인 홍시아씨 자매가 운영하는 곳으로 홍시아씨의 작업실, 음료를 마시는 카페, 갤러리 그리고 칸칸이 분양된 아트숍으로 이루어져 있다.

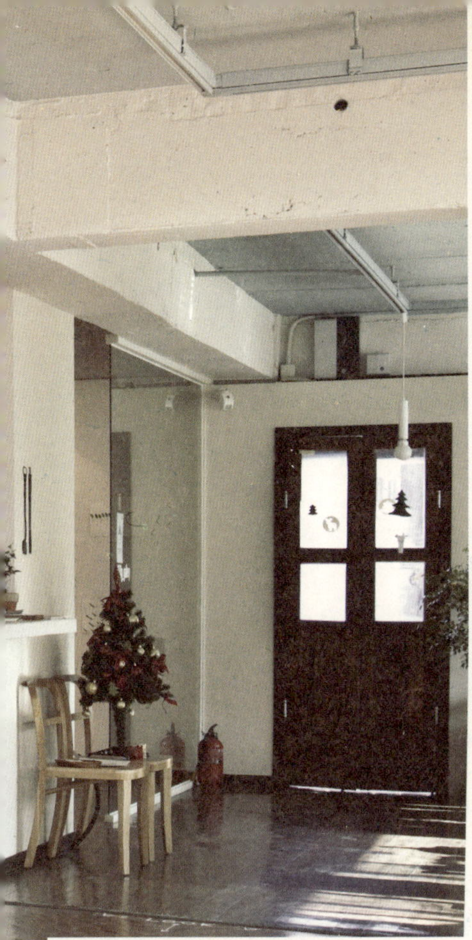

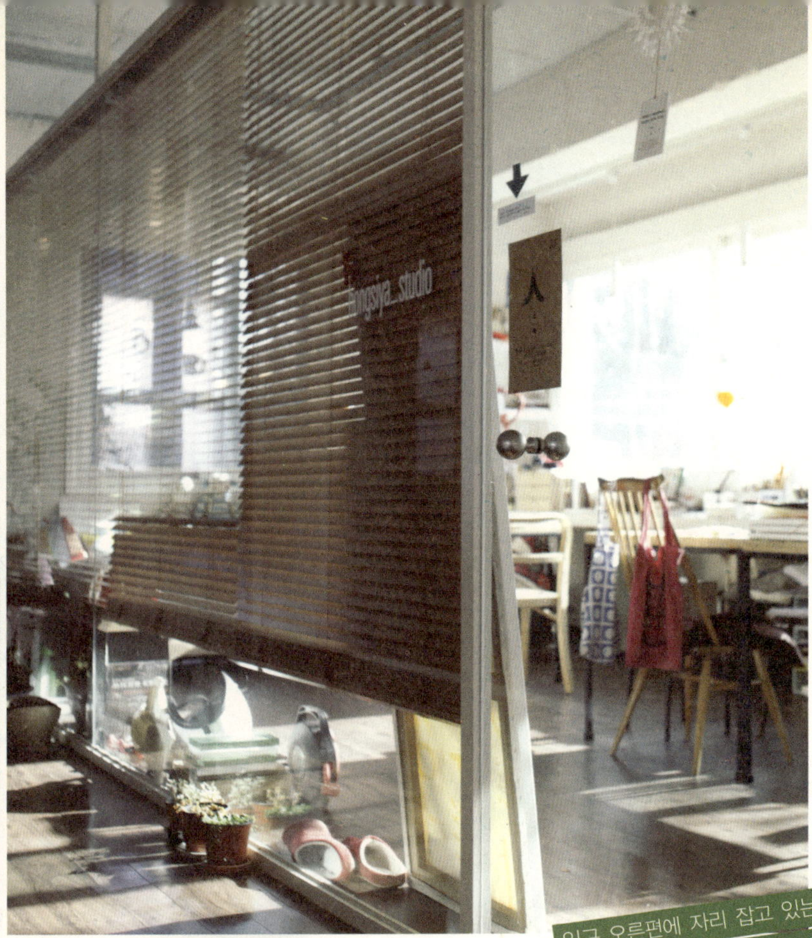

입구 오른편에 자리 잡고 있는
홍시아씨의 작업실

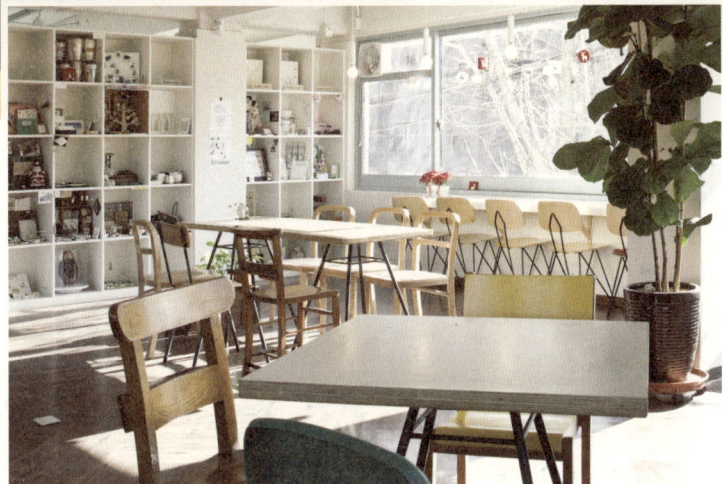

벽면에 보이는 책꽂이가 '부암 274단지' 라 불리는
개별 작가들의 아트숍이다.

flat.274의 가장 큰 매력은 '부암 274단지' 라고 불리는 벽 한 편에 만들어진 책꽂이 형태의 숍이다. 이 책꽂이 형태의 '부암 274단지' 는 칸칸이 분양되어, 작가들은 매달 임대료를 지불하고 자신이 직접 만든 작품들을 판매한다. 각각의 숍마다 재미있는 작품들이 많아 이곳을 들리는 이들에게 색다른 즐거움을 선사해준다.

# 9. 지구를 살리는 물건

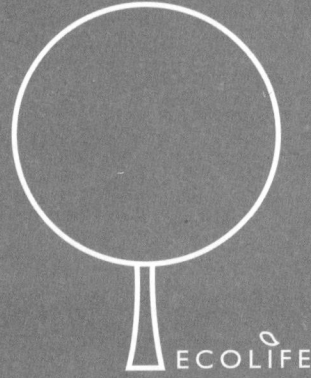

ECOLIFE

**김연희**
희망제작소 선임연구원, CSR 컨설팅 팀장
〈잘 생긴 녹색물건-지구를 부탁해〉로 제1회 대한민국 출판문화상
실용부문 우수저작상 수상

fun@makehope.org
http://ecoblog.tistory.com

# 지속가능한 물건

최근 에코라이프의 흐름과 맞물려 에코디자인(Eco Design)이 하나의 트렌드로 주목받고 있다. 최근 지식경제부가 한국디자인진흥원과 함께 2011년 5대 디자인 트렌드를 발표했는데, 그 중 첫 번째가 친환경적이고 지속가능한 디자인(Sustainable Design)이다. 미국과 유럽을 중심으로 확산되고 있는 에코디자인은 전체 사용기간 동안 이것이 환경에 미치게 되는 환경적 임팩트를 고려하여 제품을 디자인하는 방법이다. 그 제품의 전체 사용기간에는 재료조달, 제작, 유통, 폐기까지 포함된다. 그래서 에코디자인은 한정된 자원과 에너지 낭비의 무분별한 사용이나 폐기 시 쓰레기와 환경오염을 줄이는 것이 목적이 되어야 한다. 버려진 물건을 재활용하거나, 1회용품의 낭비를 줄이거나, 물건을 만들 때부터 폐기를 고려하여 친환경재료를 사용하거나, 에너지를 줄이거나 생산하는 물건들이 그 범주에 속할 수 있다.

에코디자인이 접목된 물건은 에코라이프를 이끄는 매개자가 될 수 있다. 물론 가장 친환경적인 행동은 되도록 구입하지 않는 것이다. 그러나 현대사회를 살면서 그렇게 살기는 어렵다. 오죽하면 일 년 중 단 하루라도 아무 것도 사지 않는 경험을 해보는 캠페인, 아무것도 사지 않는 날(Buy Nothing Day)이 다 있을까? 과소비나 충동구매 등 불필요한 소비를 줄일 수는 있어도 아예 사지 않고는 살수가 없다. 그때 우리는 에코디자인에 입각한 물건을 소비함으로써 지구를 덜 불편하게 하고, 환경오염을 최소화할 수 있는 물건이나 서비스를 선택함으로써 에코라이프를 실천할 수 있다.

> ## ● 아무것도 사지 않는 날(Buy Nothing Day) ●
>
> 1992년 캐나다에서 광고계에 종사하던 테드 데이브(Ted Dave)가 시작한 캠페인으로 우리의 넘치는 소비가 지구를 파괴하고 있지 않은지, 우리 시대에 모든 자원을 다 써버리고 다음 세대들이 사용할 권리를 뺏고 있는 건 아닌지, 소비와 환경에 대해 생각해보는 날이다. 미국과 캐나다에서는 매년 11월 네 번째 목요일(추수감사절) 다음날이 되는데, 북미에서는 추수감사절 다음날부터 크리스마스까지 대대적인 세일과 함께 소비의 절정을 이루는 시기이기 무분별한 소비 이전에 성찰해보자는 의미로 그렇게 정했다. 우리나라에서는 녹색연합이 해마다 이 캠페인을 펼치고 있다.

## 헌 물건을 되살리는 재활용 디자인

에코라이프, 에코디자인하면 가장 먼저 떠오르는 것이 '재활용' 이다. 우리나라 최초의 에코디자인 브랜드를 표방하는 아름다운가게의 에코파티메아리(www.mearry.com) 역시 아름다운가게에 들어온 헌 물건을 활용하는 재활용 디자인이다. 우리는 소비과잉의 시대에 살아가고 그만큼 물건을 쉽게 사고 쉽게 버린다. 패스트 패션(fast fashion)[1]이라는 말도 그래서 생겨났고, 아름다운가게와 같은 재활용가게들이 번성한다. 그나마 재활용가게를 통해서 재사용되거나 재활용되면 다행인데, 많은 물건들이 쓰레기통으로 직행하여 매립되거나 소각되면서 환경오염을 유발하고 있다.

1) 패스트 패션(fast fashion)이란 시시때때로 변하는 유행에 맞춰 대체로 저가대량 생산을 기반으로 빠른 회전을 목표로 하는 패션을 의미한다. 유행이 지나면 수많은 쓰레기를 양산한다는 점에서 환경론자들의 비판을 받고 있고, 그 대응개념으로 제대로 만들어 오래 입자는 슬로우 패션(slow fashion)이 있다.

에코이스트 가방(출처: www.ecoist.com)

현수막 가방

단순한 재활용을 넘어, 재활용품에 훌륭한 디자인을 입혀 본래의 물건보다 더 높은 부가가치를 창출하는 하이패션으로 탄생되기도 하는데, 이를 업사이클(upcycle)이라고 부른다. 업사이클을 지향하는 국내외 대표적인 상품을 소개하고자 한다. 하나는 과자, 사탕, 초콜릿 비닐, 주스 팩, 음료수 라벨, 신문지, 잡지 등 쓰레기를 모아 만든 에코이스트(www.ecoist.com)의 핸드백이다. 그러나 최근 유행하는 글로시한 광택에 비비드 컬러의 에나멜 핸드백 부럽지 않을 정도로 블링블링한 스타일을 자랑한다. 핸드백은 친환경상품이 촌스럽다는 고정관념을 단숨에 날려버리고, 환경잡지가 아닌 <엘르>, <보그>, <인스타일>과 같은 세계적인 패션잡지에 당당히 등장한다.

우리나라에서는 버려지는 현수막으로 만든 독특한 디자인의 에코백이 대표적인 리사이클 상품이다. 유난히 우리나라 거리에는 현수막이 많이 나부낀다. 현수막이 가장 많이 걸리는 시기는 선거철인데, 선거를 한 번 치를 때마다 총 1만 7,435개, 크기로 따지면 5만2,833평으로 축구장 25배 크기에 이른다고 한다. 이 어마어마한 양의 현수막은 선거가 끝나면 대부분 소각되거나 땅에 묻히는데, 이때 엄청난 환경오염을 유발한다. 에코파티 메아리(Eco Party Mearry)와 터치포굿(Touch4Good)은 버려지는 현수막을 모아 독특한 디자인의 가방을 만들어 인기를 끌고 있다. 에코파티의 현수막 가방은 그 독특한 디자인을 인정받아 뉴욕현대미술관(MOMA; Museum of Modern Art)에 초청 전시, 판매되기도 했다.

## 한 번 쓰고 버리는 1회용품을 대체하는 다회용품

우리 주변의 1회용품은 무수히 많다. 1회용 종이컵부터 시작하여 1회용 비닐봉지, 1회용 종이타월, 1회용 면도기, 1회용 기저귀, 1회용 젓가락, 1회용 도시락 등등 셀 수가 없다. 1회용품은 값싸고 편리하다는 이유로 많이 사용되고 있지만, 최근에 환경오염의 주범으로 지목되면서 골칫거리

가 되고 있다. 통계로 잡히는 것만 해도 우리 국민은 1인당 1년 동안 비닐봉지 298개를, 나무젓가락 42개 정도를 사용하는 것으로 나타났다(환경부 1회용품 줄이기 http://one.me.go.kr). 그런 점에서 최근 대형 유통매장에서 비닐봉지 사용을 금지한 것은 긍정적으로 평가할 수 있다. 비닐봉지 대신 장바구니를 들자는 장바구니 들기 캠페인이 전개되면서, 함께 주목받은 것이 에코백(Eco Bag)이다. 에코백은 2007년 영국의 유명 디자이너 아냐 힌드마치(Anya Hindmarch)가 '나는 비닐봉지가 아닙니다(I'm not a plastic bag)'라는 환경 슬로건을 넣어 디자인한 가방이 전 세계적으로 히트한 것이 그 시초라고 볼 수 있다. 이 가방이 출시되는 날, 준비된 물량이 몇 시간 만에 동이 났을 정도였다. 특히 유명 연예인들이 에코백을 든 모습이 공개되면서 에코백이 단순히 보조 가방에서 패션을 완성하는 요소로 사랑받으면서 전 세계적으로 거대한 에코백 시장이 형성되었다.

비닐봉지 다음으로 많이 사용되는 것이 1회용품이 종이컵이다. 우리나라의 자판기 문화는 1회용 종이컵 사용을 폭발적으로 증가시켜왔다고 해도 과언이 아니다. 우리나라는 펄프의 80%를 수입에 의존하고 있음에도 불구하고 국민 1인당 한 해에 종이 150kg을 넘게 소비하고 있고, 일회용 종이컵은 한 해 동안 120억 개 이상 소비하고 있다. 우리 국민이 1년간 사용하는 종이컵을 만들기 위해서는 50cm이상 자란 나무 1,500만 그루가 필요하며, 제작비용이 자그마치 1,000억에 가까이 든다고 한다. 그에 대한 대안으로 여성환경연대(www.ecofem.or.kr)에서는 머그컵이나 텀블러 같은 자기 컵을 들고 다니면서 1회용 종이컵 사용을 줄이자는 'With A Cup 캠페인' [2]을 진행하고 있다.

2) With A Cup 캠페인 사이트: http://blog.naver.com/withacup/

뉴욕의 베라테라(VerTera)의 낙엽으로 만든 접시도 1회용품의 대안으로 인기를 끌고 있다. 컬럼비아 비즈니스 스쿨(Columbia Business School)에 재학 중이던 마이클 드워크(Michel Dwork)가 인도를 여행하던 중 현지에서 사용하는 야자수 잎으로 만든 접시를 보고 영감을 받아 개발한 낙엽접시는 화학약품의 사용 없이 오직 물과 낙엽만을 이용해 증기압력으로 만든다. 낙엽으로 만들었다고 쉽게 부서지거나 초라하다고 생각하면 큰 오산이다. 자연스러운 나무결 무늬와 은은한 나무 향, 부드러운 곡선이 매력인 이 접시는 파티나 행사에 사용해도 손색이 없을 정도로 우아하다. 이런 점을 평가받아 2008년 친환경상품 엑스포(The Natural Products Expo East's 2008)에서 최우수 친환경상품상(Best New Green/Environmentally-friendly Product Award)를 받기도 했다.

with a cup
위드컵 캠페인(출처: 여성환경연대)

## 폐기까지 고려하여 천연재료로 만든 상품

불과 100년 사이 우리 주위의 많은 물건은 가볍고 값싸고 화려한 색깔의 편리한 플라스틱으로 대체되었다. 장난감에서부터 욕실용품, 주방용품, 가구까지 집안 살림 중에 플라스틱으로 만들지 않은 것이 없을 정도다. 그러나 몇 년 전부터 플라스틱에서 발생하는 환경호르몬의 유해성이 알려지면서 플라스틱을 대체할 수 있는 물건들에 관심을 가지게 되었다. 건강상의 문제뿐만 아니라 환경에 남기는 피해를 생각할 때 가능한 플라스틱을 멀리하는 것이 좋다. 이는 과거에 주된 소재였던 나무, 스테인리스 스틸로의 회귀를 의미하기도 한다. 특히 나무는 가장 안전하고 견고하고 폐기되어서도 생분해된다는 점에서 친환경적이다.

열대우림이 울창한 인도네시아의 나무라디오 마그노(Magno)는 이 지역에서 생산되는 나무와 지역의 사람들의 노동력으로 만든 수제라디오이다. 불필요한 장식과 공정을 줄이고 나무 사용을 최소화한 미니멀리즘 디자인을 표방한다. 하나하나 수공예로 만들다보니 하나 만드는 데만 총 16시간이 걸린다. 이렇게 만든 나무 라디오는 유럽에 소개되어 큰 호응을 얻고 있고, 2009년 런던디자인박물관(London Design Museum)에서 시상하는 올해의 디자인상(2009 British Design Award of London Design Museum), 일본의 굿디자인상(Good Design Award), 미국 시애틀의 국제디자인자원상(International Design Resource Award, Seattle USA) 등을 수상하면서 인기를 끌고 있다.

플라스틱에 가장 민감한 집은 아이가 있는 집이다. 특히 환경호르몬에 의한 성장장애, 아토피와 같은 피부질환이 심각한 문제로 떠오르면서 플라스틱 장난감의 대안으로 나무 장난감이 사랑받고 있다. 인공적인 색상과 광택, 차가운 감촉, 창조성이 없는 플라스틱 장난감에 비해 나무 장난감은 나무 고유의 색과 결, 따뜻하고 부드러운 느낌으로 아이의 감수성 발달에 좋고 정서적 안정효과를 가져다준다고 한다. 또한 온갖 이름 모를 화학 색소에 노출될 위험이 없어서 깨물고 빨아도 안전하다. 독일에는 나무 장난감 디자인상도 따로 있을 정도로 나무 장난감에 대한 관심이 매우 높고, 우리나라에서도 나무 장난감이 많이 출시되고 있다.

인도네시아의 나무라디오 마그노

숲소리 우드 베어

## 에너지 절약 혹은 친환경 에너지 생산 제품

우리 경제의 근간이었던 화학에너지 시대의 종말이 예고되면서, 앞으로 에너지문제는 더 뜨거워질 전망이다. 에너지 문제의 해법은 단 두 가지-에너지 효율성을 높여서 에너지를 절약하는 방법과 친환경 재생에너지를 개발하는 방법뿐이다. 특히 우리가 지금 당장 가장 손쉽게 할 수 있는 일은 에너지를 절약하는 일이다.

에너지 절약을 실천하기 위해 관련 행사에 동참해보는 것은 좋은 시작이 될 것이다. '지구시간 (Earth Hour)[3]' 행사는 '기후변화를 막기 위해 1년에 1시간 동안 불을 끄자'는 캠페인으로 세계 야생동물기금협회(WWF)가 시작했다. 2009년에는 88개 나라 4천여 개 도시에서 참여하는 등 전 세계적으로 확산되고 있다. 다른 하나는 '캔들나이트(Candle Night)[4]' 캠페인은 '매달 마지막 주 금요일 2시간 정도 집안의 전등과 TV, 컴퓨터를 끄고 촛불을 켜자'는 운동이다. 플러그를 뽑고 잠시나마 시간과 행동의 주인이 되어보는 시간이다. 이 운동은 2001년 미국에서 부시 정권의 무분별한 핵 발전 정책에 대한 항의로 벌어진 '자발적 정전 운동'에서 시작되었다. 그 뒤 일본에서 캔들나이트라는 이름을 붙이고 하지와 동짓날 오후 8시부터 2시간 촛불을 켜고 느림의 가치를 되새기는 생활실천운동으로 확산되었고, 우리나라에서는 2006년 6월에 여성환경연대가 도입해 확산되고 있다.

[3] 지구의 시간 홈페이지
www.earthhour.org

[4] 캔들나이트 캠페인
홈페이지
http://www.candle-night.or.kr/

지구시간 이벤트

에코주전자

에너지를 절약하는 방법에는 여러 가지가 있다. 안 쓰는 전원이나 플러그 뽑기, 에어컨 대신 선풍기, 죽부인, 부채 등 사용하기, 난방온도를 높이기보다 내복이나 조끼 등을 입고 체온 올리기, 전기 먹는 가습기나 공기청정기 대신 숯이나 화분을 활용하기, 에너지 효율성이 극대화된 제품을 사용하는 일 등인데 모두 약간의 불편을 초래한다. 그래서 습관을 바꾸기보다 오히려 편리함을 제공하면서 에너지를 절약할 수 있는 에코주전자(Eco Kettle)같은 물건이 사랑받는다. 보통 우리가 물을 끓일 때는 필요한 이상의 물을 끓이는데, 에코주전자는 '딱 먹을 만큼의 물'만 끓일 수 있도록 설계되어 있다. 주전자 안에 '물을 저장하는 방'과 '물을 끓이는 방'이 따로 있어서 필요한 양(몇 잔)만큼 버튼을 누르면 꼭 그만큼의 물이 '끓이는 방'으로 내려가 끓여진다. 결과적으로 물, 전기, 시간 모두 절약할 수 있다.

대기전력을 절약하기 위해 플러그를 뽑는 일은 습관이 되지 않으면 귀찮은 일이다. 그래서 스위치 하나로 간단하게 대기전력을 차단하는 멀티탭이 시중에 나와 있다.

● 대기전력 ●

사무기기/가전기기를 사용하지 않더라도 플러그가 꽂혀 있으면 실제로 사용하지 않는 대기상태에도 전력을 소비하는 것을 말한다. 이러한 대기전력소비는 가정/상업 부문 전력사용량의 10%를 넘고, 복사기나 비디오 등의 경우는 전체전력소비량의 80%를 차지한다. 에너지시민연대에 의하면 이로 인한 연간 전력비용 손실액은 4조 원 가량에 이른다고 조사되었다.

우리나라에서는 대중화되어 있지 않지만, 개인이 일상에서 태양광 발전이나 풍력 발전 등 재생에너지를 생산하여 소형가전을 사용하는 에너지를 충당하는 물건들도 있다.

5) 고양시 공공자전거서비스 홈페이지 http://www.fifteenlife.com/

에너지를 절약하는 또 하나의 좋은 방법은 대중교통을 이용하거나 자전거를 이용하는 것이다. 자전거 한 대만 있으면 건강에도 좋고, 기름 값 등을 절약해서 경제적이고, 교통 혼잡이나 환경오염을 유발하지도 않는다. 자전거 천국으로 불리는 북유럽이나 이웃나라 일본에서는 자전거 타기가 활발한 반면, 아직 우리나라에서는 교통수단으로는 활성화되어 있지 않다. 그러나 최근 고양시에서는 누구나 쉽고 편리하게 이용할 수 있도록 공공임대자전거 서비스 피프틴(FIFTEEN)[5]을 시작하여 큰 호응을 얻고 있다.

## 이 밖에 에코라이프 관련 서비스

에코라이프를 실천할 수 있는 기회는 점점 증가하고 있다. 그 중에서 최근 외국에서 큰 주목을 받고 물건을 교환하거나 대여하는 서비스에 대해서 소개하고자 한다. 물건에 대한 소유 개념이 변함에 따라 소비에 대한 형태도 변하고 있다. '마이카 시대' 용어가 보여주듯 옛날에는 필요한 모든 것을 소유했다면, 최근에는 가능한 빌려 쓰자는 인식이 확산되고 있다. 특히 이런 문화는 인터넷을 기반으로 소셜 네트워킹 서비스와 관련 기술 확산으로 어느 때보다 활발할 것으로 기대된다.

그 대표적인 서비스는 미국의 툴 라이브러리(tool library)[6]다. 툴 라이브러리는 책 대신 물건을 직접 만들고 수리하는 데 필요한 간단한 도구, 연장, 장비를 빌려주는 곳이다. 예를 들어 전동드릴이 필요한 일은 1년에 많아봐야 한두 번인데, 그때를 위해 집집마다 사는 것보다 필요할 때마다 빌려 쓰는 것이 경제적으로도 환경적으로 좋은 일이다. 툴 라이브러리는 1976년 오하이오 주에서 시작하여 지금은 주마다 한두 개씩 있다. 주민 서비스의 일환으로 무료로 빌려주는 툴라이브러리와 테크숍(TechShop)[7]은 다양한 프로그램과 함께 유료회원제로 운영된다.

에코모도(Ecomodo)[8]는 자신이 사용하지 않는 물건을 웹사이트에 올려서 다른 사람에게 빌려줄

6) 툴라이브러리 리스트
http://en.wikipedia.or
g/wiki/List_of_tool-
lending_libraries

7) http://www.
techshop.ws/

8) http://www.eco-
modo.com

9) http://livingchrist-
mas.com

수 있는 시스템이다. 비용은 무료로 할 수도 있고, 비용을 받되 기부 프로그램으로 연결할 수 있다. 특정 회사나 교회, 학교, 동호회 회원들에게만 대여하겠다는 조건을 걸 수도 있고, 대여물품이 고가인 경우 파손이나 분실에 대한 보험도 들 수 있다. 물건이 필요한 사람은 자신이 사는 지역에서 필요한 물건을 빌릴 수 있는지 검색하여 빌리면 된다.

리빙 크리스마스트리(Living Chirstmas)[9]는 살아있는 크리스마스트리를 화분에 담아 대여하는 서비스다. 크리스마스가 끝나면 그 화분을 양로원이나 사회복지시설에 기증했다가 다음 크리스마스에 다시 배달해준다.

이와 같은 대여서비스는 점차 다양해지고 있다. 계속 성장하는 어린이들 옷을 적은 비용으로 교환해 입을 수 있는 온라인 시스템 트레드업(ThredUp)에서부터, 연회비를 내고 필요할 때마다 자동차를 빌려쓰는 짚카(Zipcar)까지 다양하다. 특히 짚카는 보스톤에서 시작해 현재 35개 도시에서 3,000여 대의 차량을 운영하며 큰 성공을 거두고 있다. 이렇게 물건을 개인이 소유하던 시대에서 물건을 빌려 쓰는 문화가 점차 확산되면 많은 자원을 줄일 수 있을 뿐만 아니라 쓰레기도 줄일 수 있어서 환경오염도 줄일 수 있다.

## 에코라이프 분야의 과제

현재 우리나라에는 에코 트렌드와 에코디자인에 대한 관심은 점차 증가하고 있으나, 다른 환경선진국들에 비해 에코디자인이나 에코라이프 관련 서비스 개발이나 소비가 활발한 편은 아니다. 그 이유는 친환경상품이 비싸고, 디자인은 촌스럽고, 품질도 떨어지고, 불편하고 번거롭다는 인식 때문이다. 또한 에코라이프 운동은 지금까지 살아온 삶의 방식과 습관 등을 바꾸는 일이어서 어렵거나 불편함을 초래하기도 한다. 게다가 친환경적인 삶을 사는 것이 엄청난 희생이 필요하고 유별나고 돈이 많이 드는 것이라는 편견과도 싸워야 한다. 사람들은 환경보전이라는 대의명분을 위해 당장의 편리한 것, 매력적인 것, 좋아하는 것을 포기하고 싶어 하지 않는다. 이를 보상할 수 있는 혜택을 제공해야 한다. 따라서 이 분야를 선도하기 위해서는 창의적인 디자인이나 스타일, 경제적인 혜택을 제공할 수 있는 혁신, 아날로그적 매력이나 재미, 에코라이프에 대한 자부심과 연대감 등의 감정적 가치 등을 부가함으로써 소비자들에게 어필할 수 있어야 한다. 이것은 에코디자인이나 에코라이프 분야의 과제로 남겨져 있다.

오래된 레코드판으로 만든
디자인 벽시계
(출처: The GratefulThread)

# 에코라이프 관련 도서 소개

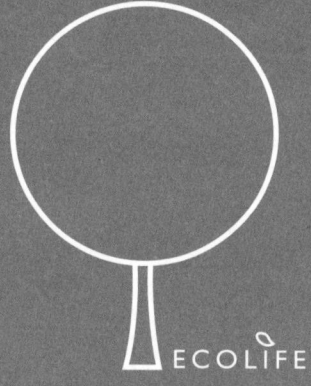

ECOLIFE

**평화가 깃든 밥상**
문성희(요리연구가) 저 | 샨티 |
2009.07.20

**지구를 살리는 50가지 방법**
지구를 위한 모임 | 노혜숙 역 | 현암사 |
1998.04.30

**희망의 밥상**
(Harvest for Hope: A Guide to
Mindful Eating)
제인 구달(동물학자) 저 | 김은영 역 |
사이언스북스 | 2006.02.06

**새롭고 적극적인 지구를 살리는 방법 50**
소피 자브나, 제시 자브나 외 1명 저 |
황성돈 역 | 물병자리 | 2010.03.20

**밥상을 엎어라**
김제경 저 | 리즈앤북 | 2009.04.30

**지구야 오늘 뭐 먹을까**
(가까울수록 착한 먹을거리 이야기)
이유진, 김현경 외 2명 저 | 이매진 |
2010.10.22

**자연을 담은 사계절 밥상**
녹색연합 저 | 북센스 | 2006.07.20

**에코지능**
(미래 경제를 지배할 녹색 마인드)
대니얼 골먼 저 | 이수경 역 |
웅진지식하우스 | 2010.01.04

**내가 조금 불편하면 세상은 초록이 돼요**
김소희 저 | 토토북 | 2009.03.16

**착한빵 에코빵**
김영인, 김영신 저 | 예담 | 2010.09.20

**미래를 여는 소비**
안젤라 로이스턴 저 | 김종덕 역 |
다섯수레 | 2010.10.15

**에코에고이스트**
그레그 크레이븐 저 | 박인용 역 |
함께읽는책 | 2010.10.11

**세상을 바꿀 한국의 27가지 녹색 기술**
녹색성장위원회, 이영철 저 | 영진닷컴 |
2009.12.22

**첨단농업 부국의 길**
매일경제 아그리젠토 코리아 프로젝트팀 저 |
매일경제신문사 | 2010.07.19

**녹색문화도시 프라이부르크 읽기**
**(환경 문화 장소라는 키워드로 본**
**독일의 환경수도)**
홍윤순 저 | 나무도시 | 2010.05.18

**도시농부 올빼미의 텃밭 가이드**
유다경 저 | 시골생활 | 2010.04.20

**녹색희망 농업의 미래**
임상규 저 | 매일경제신문사 | 2009.01.20

**음식 도시의 운명을 가르다**
캐롤린 스틸 저 | 이애리 역 | 예지(Wisdom) |
2010.07.31

**제5의 물결 녹색인간**
이은주, 이진우 저 | 이담북스(이담BOOKS)
| 2009.11.25

**친환경 지구인 되기**
**(365일 매일매일 실천하는 탄소발자국**
**다이어트)**
조안나 얘로 저 | 에너지경영전략연구원 역
| 매일경제신문사 | 2009.09.25

**잘 생긴 녹색물건 (지구를 부탁해)**
김연희 저 | 디자인하우스 | 2010.05.12

**친환경 도시만들기**
이정형 저 | 구미서관 | 2008.06.12

**도시농업 (자연과의 만남으로 나와**
**세상을 치유하는)**
오대민 저 | 학지사 | 2006.01.10

**주제별 생태놀이**
황경택 저 | 황소걸음 | 2009.10.20

**독일의 숲유치원**
이명환 저 | 교육아카데미 | 2007.07.15

**에코비전21 (2010.10)**
에코비전21 | 2010.12

**얘들아 숲에서 놀자**
남효창(사회기관단체인) 저 | 추수밭 |
2006.04.20

**지속 가능하게 섹시하게**
권수현 저 | 김영사 | 2010.12.03

**내 몸을 치유하는 숲**
**(자연이 내뿜는 놀라운 힘)**
우에하라 이와오 저 | 박범진 역 |
넥서스BOOKS | 2007.06.10

**공정무역 세상을 바꾸는 아름다운 거래**
박창순, 육정희 저 | 시대의창 | 2010.01.08

**슬로 라이프**
쓰지 신이치(교수) 저 | 김향 역 |
디자인하우스 | 2005.02.10

**공정무역 시장이 이끄는 윤리적 소비**
휘트니 토마스, 알렉스 니콜스 외 1명 저 |
한국공정무역연합 역 | 책보세 |
2010.07.01

**생태관광**
Stephen Wearing 저 | 이후석 역 |
백산출판사 | 2001.03.15

**숲 해설 아카데미**
김기원(교수) 저 | 국민대학교출판부 |
2008.2.28

**희망을 여행하라 (공정여행 가이드북)**
이혜영, 임영신 저 | 소나무 | 2009.06.10

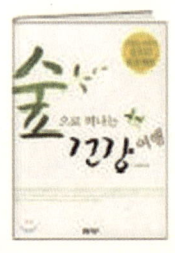

**숲으로 떠나는 건강 여행**
신원섭 저 | 지성사 | 2007.05.31

**그린 비즈니스의 미래 지도**

도미니크 노라 저 | 문신원 역 | 김영사 |
2010.10.05

**그린 인테리어**

야마쿠치 마리 저 | 부희옥 역 | 그린홈 |
2004.04.10

**그린쇼크
(녹색 혁명이 새로운 기회를 몰고 온다)**

감경도, 이진명 외 3명 저 | 매일경제신문사
| 2009.12.05

**그린 비즈니스
(앞으로 100년, 전 세계를 휩쓸)**

이도운 저 | 무한 | 2009.07.31

**유럽 그린푸드 스타일**

테사 브램리 저 | 강효수 역 | 이끼북스 |
2008.11.05

# 에코라이프스쿨 소개

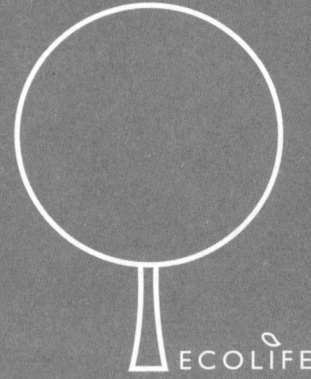

ECOLIFE

당신이 좋아하는 것이 직업이 되어야 합니다.
당신의 직업이 세상을 바꿀 수 있어야 합니다.
새로운 직업으로 미래를 준비하기 위한 당신의 선택은
낡은 학문에 연연하는 대학도, 한두 분야에만 집중하는 학원도 아닙니다.
어디에서도 찾아볼 수 없는 유니크한 교육기관 '청강문화산업 대학 에코라이프 스쿨'.

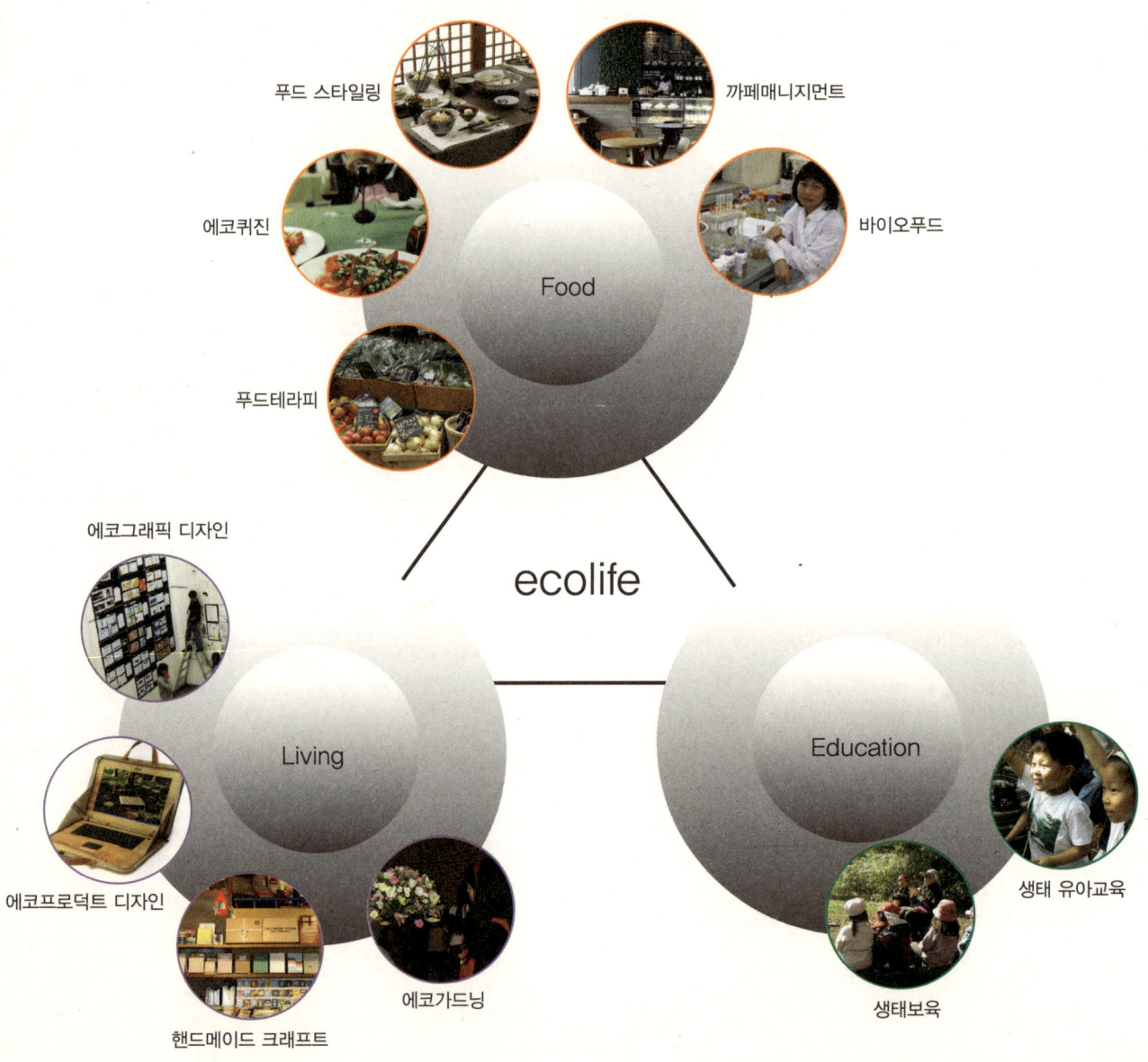

푸드 스타일링
까페매니지먼트
에코퀴진
바이오푸드
Food
푸드테라피
에코그래픽 디자인
ecolife
Living
Education
에코프로덕트 디자인
생태 유아교육
에코가드닝
생태보육
핸드메이드 크래프트

## Food × Living × Education

에코라이프스쿨은 에코라이프를 위해 크게 Food × Living × Education 세 개의 영역으로 구성
되어 있습니다.

## One plus One

프로젝트 중심 교육기반 위에 전공 코스 1개와 선택 코스 1개를 조합해 어디에서도 얻을 수 없는
나만의 경쟁력을 기를 수 있습니다.

## Courses

모두 13개의 특화된 코스가 학생들에게 제공됩니다. 학생들은 전공코스로 11개 중에서 자신의 전
공에 맞춰 1개의 전공을 선택하고, 나머지 10개 코스에서 1개를 골라 선택코스를 수강합니다. 총
13개의 코스 중 1개는 교양코스, 1개는 선택코스이고 전공코스는 모두 11개입니다.

## Open Campus Program

1. 학교를 견학하거나, 입학상담을 하시려면, 개인의 경우 평일에는 언제가 가능하니 부담 없
   이 전화 주시고 방문해 주세요. 단체의 경우 별도의 프로그램 준비가 가능하니 이메일이나
   전화로 문의바랍니다.
2. 스쿨 설명회나 고교 방문 프로그램의 경우 별도의 계획에 의해 정기적으로 개최합니다.
   60년대 만들어진 멋진 레트로 캠핑카를 활용해 에코라이프스쿨의 여러 코스를 체험할 수
   있습니다. 프로그램은 홈페이지를 통해 공지됩니다.

경기도 이천시 마장면 청강로 162 청강문화산업대학 에코라이프스쿨
전화번호 031-639-5907
이메일 ecolife@ck.ac.kr
트위터 http://twitter.com/ecolifeschool (바로 지금 팔로하세요!)
홈페이지 www.ck.ac.kr

## 【에코라이프스쿨의 다양한 코스】

### 전공소개

- 에코그래픽 디자인
  에코라이프 철학을 담은 다양한 미디어 콘텐츠의 디자인 교육과정
  생태 특성을 새로운 매체완 소재로 표현하는 교육과정

- 에코프로덕트 디자인
  제품이 환경에 미치는 영향을 생각하며 아이디어를 발상하고 3D로 시뮬레이션하는
  에코프로덕트 디자이너 교육과정

- 핸드메이드 크래프트
  핸드메이드 제품인 수제인형/감성동화/에코포장/북아트/감성캐릭터 등
  인간과 자연의 따뜻한 감성을 담은 제품을 다루는 에코스타일리스트 교육과정

- 에코가드닝
  자연, 식물소재의 생산방법과 이를 활용한 아름다운 친환경 장식 및 공간 연출
  그리고 자연소재를 통한 신체적, 정서적 치유방법에 대한 전문가 교육과정

- 생태 유아교육
  생명 존중과 자연 친화적 사고와 바탕을 둔 실무 중심의 유치원 교사 양성과정
  에코라이프의 감수성과 실천력을 지닌 교사로서
  생명/자연/공동체 중심의 인성을 갖춘 교사 교육과정

- 생태보육
  생태적 감성과 실천력을 갖춘 어린이집 교사 양성과정
  계절에 맞는 생태놀이와 먹을거리 및 텃밭 가꾸기가 가능한 영유아 보육 전문가 교육과정

- 푸드 스타일링
  유기농 식재료를 활용한 기초 조리 능력개발 및 잡지와 영상매체에 표현하는 스타일링 교육과정
  푸드스타일리스트/방송스타일리스트/파티 플래너 등의 인력 교육과정

- 에코퀴진
  유기농 식재료 이해와 창의적 조리능력을 갖춘 프로페셔널 쉐프 교육과정
  생태 친화적 지식과 레스토랑 시뮬레이션 학습을 통해 실무형 인재양성 과정

● 카페매니지먼트

에코라이프 감성과 개성을 담은 카페/ 레스토랑을 기획 및 경영하는 매니지먼트 인력 교육과정
다양한 식음료 메뉴 실습을 통해 바리스타/티마스터/소믈리에를 양성하는 교육과정/ 카페 공간
및 소품 연출/카페 마케팅 교육과정

● 푸드 테라피

임상영양사/급식관리영양사/보건영양사/상담영양사/품질평가영양사로 활동하는
영양사 면허 교육과정
자연친화적 먹을거리를 통해 몸과 마음의 질병을 치유하는 푸드테라피 전문가 교육과정

● 바이오푸드

유기농 식재료에 생명공학 기술을 접목한 친환경 기능성 식품을 개발 및 품질관리 교육과정
생태 친화적 마인드를 바탕으로 인류의 건강에 필요한
식품의 위생과 안전성을 높이고 평가하는 전문가 교육과정

● 에코라이프 기초교양

에코라이프를 추구하는 전문가를 길러내기 위한 기초 교육과정
생태학/생태공동체 삶/텃밭 가꾸기 체험/생태체험 등 현장교육 과정

● 도자코스

전통도자, 현대도자, 유리공예 등을 활용한 다양한 도자창작진법을 배울 수 있는 교육과정
부코스로만 선택할 수 있음.

초판 1쇄 발행 : 2011년 3월 7일

| | |
|---|---|
| 엮은이 | 청강문화산업대학 에코라이프스쿨 |
| 발행인 | 최규학 |

| | |
|---|---|
| 기획 · 진행 | 고광노 |
| 표지 · 본문 디자인 | 우일미디어 |
| 마케팅 | 전재영, 이대현 |

| | |
|---|---|
| 발행처 | 도서출판 ITC |
| 등록번호 | 제8-399호 |
| 등록일자 | 2003년 4월 15일 |

| | |
|---|---|
| 주소 | 경기도 파주시 교하읍 문발리 파주출판단지 535-7 307호 |
| | 세종출판벤처타운 307호 |
| 전화 | 031-955-4353(대표) |
| 팩스 | 031-955-4355 |
| 이메일 | itc@itcpub.co.kr |

| | |
|---|---|
| 인쇄 | 해외정판사 |
| 용지 | 신승지류유통 |
| 제본 | 춘산제본 |

ISBN-13  978-89-6351-025-5  13330
ISBN-10  89-6351-025-5

값 15,000원

www.itcpub.co.kr